はじめに

　近年，スマートフォンや携帯電話などの情報端末，テレビ，炊飯器，洗濯機などの家電製品，さらに自動車や電車などの乗り物には，実に多くのコンピュータや半導体素子が用いられている．これらの内部はディジタル回路で構成され，複雑・多岐な処理を実現している．ディジタル回路は，値の異なる2種類の電圧を情報表現に用いる電子回路のことで，特にコンピュータの基本回路のことをいう．

　本書の目的は，例題や発展問題を通してディジタル回路の基礎を理解することにある．幸いにも，ディジタル回路の動作原理は極めて簡単である．このディジタル回路の機能を十分にマスターできれば，コンピュータの動作原理をより深く理解できることになり，コンピュータへの親近感がますますわくものと思われる．

　上記で述べた2種類の電圧には，通常，0 V付近の電圧（Low）と電源電圧に近い電圧（High）が用いられる．そして，たとえばLowを0，Highを1の2値情報に対応させ，それらの組合せにより数値や文字だけでなく，音声や映像をも表現しているのがコンピュータである．

　コンピュータが行う膨大なデータ処理も，上記の0と1を用いて行われる．たとえば，加算は，0+0，0+1（1+0），1+1の3通りだけで，我々が日常用いる10進数の場合と比較して極めて少ない．しかも，これらの加算は，ディジタル回路の基本論理回路であるANDゲート，ORゲート，インバータを用いた論理演算で実現できるのが特徴である．さらに，減算や大小比較などコンピュータが行うさまざまな処理も，これらの基本論理回路を組合わせたディジタル回路で実現できる．

　本書は，コンピュータの動作原理や構成法などを勉強しようとする方々，専門外ではあるがディジタル回路の知識を身につけたい方々を対象としている．各章・各節では，はじめに理解していただきたい基本的な事項について概説し，これらの知識を確実に身につけるための例題を示している．さらに，演習問題を実践することで，発展的な理解を得られるように工夫している．拙著『よくわかるディジタル回路』と併せてお読みいただければ，より発展的な知識を獲得できるものと確信いたします．

春日　健

ドリルと演習シリーズ
ディジタル回路　　目　次

第1章　ディジタル技術の基礎

1.1　ディジタルとアナログ　　　1
1.2　ディジタル回路とアナログ回路　　　3

第2章　ディジタル回路の数表現

2.1　2進数　　　5
2.2　16進数　　　7
2.3　負数の表現　　　11
2.4　符号体系　　　13

第3章　基本論理回路

3.1　正論理と負論理　　　15
3.2　ANDゲート　　　17
3.3　ORゲート　　　19
3.4　インバータ　　　21

第4章　代表的な論理ゲート

4.1　NANDゲート　　　23
4.2　NORゲート　　　25
4.3　XORゲート　　　27

第5章　ブール代数と基本論理演算

5.1　ブール代数の基本演算　　　29
5.2　ブール代数の基本定理　　　31
5.3　ド・モルガンの定理　　　33

第6章　組合せ回路

- 6.1　真理値表から論理式の作成Ⅰ ……………………………………………………… *35*
- 6.2　真理値表から論理式の作成Ⅱ ……………………………………………………… *37*
- 6.3　カルノー図を用いた論理式の簡単化Ⅰ …………………………………………… *39*
- 6.4　カルノー図を用いた論理式の簡単化Ⅱ …………………………………………… *41*
- 6.5　論理回路の構成Ⅰ …………………………………………………………………… *43*
- 6.6　論理回路の構成Ⅱ …………………………………………………………………… *45*

第7章　代表的な組合せ回路

- 7.1　エンコーダ …………………………………………………………………………… *47*
- 7.2　デコーダ ……………………………………………………………………………… *49*
- 7.3　マルチプレクサ ……………………………………………………………………… *51*
- 7.4　デマルチプレクサ …………………………………………………………………… *53*
- 7.5　比較回路 ……………………………………………………………………………… *55*
- 7.6　誤り検出回路 ………………………………………………………………………… *57*
- 7.7　誤り訂正符号 ………………………………………………………………………… *59*

第8章　2進演算と算術演算回路

- 8.1　2進加算 ……………………………………………………………………………… *61*
- 8.2　2進減算 ……………………………………………………………………………… *63*
- 8.3　並列加算器 …………………………………………………………………………… *65*
- 8.4　加算器を用いた減算 ………………………………………………………………… *67*

第9章　情報を記憶する順序回路

- 9.1　順序回路とは ………………………………………………………………………… *69*
- 9.2　RSフリップフロップ ………………………………………………………………… *71*
- 9.3　RSTフリップフロップ ……………………………………………………………… *73*
- 9.4　Dフリップフロップ ………………………………………………………………… *75*
- 9.5　JKフリップフロップ ………………………………………………………………… *77*
- 9.6　Tフリップフロップ ………………………………………………………………… *79*

第 10 章　代表的な順序回路

10.1　非同期式 2^n 進カウンタ ……………………………………………… *81*
10.2　非同期式カウンタ（2^n 進以外） ………………………………… *83*
10.3　同期式 2^n 進カウンタ ……………………………………………… *85*
10.4　同期式カウンタ（2^n 進以外） ……………………………………… *87*
10.5　シフトレジスタ ……………………………………………………… *89*
10.6　リングカウンタ ……………………………………………………… *91*
10.7　ジョンソンカウンタ ………………………………………………… *93*

解　　　答

1 章 ………………………………………………………………………… *95*
2 章 ………………………………………………………………………… *96*
3 章 ………………………………………………………………………… *99*
4 章 ………………………………………………………………………… *101*
5 章 ………………………………………………………………………… *102*
6 章 ………………………………………………………………………… *103*
7 章 ………………………………………………………………………… *105*
8 章 ………………………………………………………………………… *108*
9 章 ………………………………………………………………………… *110*
10 章 ……………………………………………………………………… *113*

1. ディジタル技術の基礎　　1.1　ディジタルとアナログ

> アナログは，連続的に変化する信号などを連続的な量で表現すること．ディジタルは，信号を数字の1と0の組合せで表現すること．

　わたしたちが日常用いる時計にはディジタル式とアナログ式がある．ディジタル時計は現在時刻を直接数値で表示する．たとえば，時と分と秒を表示するディジタル時計が2時15分50秒を表示しているとき，次の時刻表示は2時15分51秒となる．この50秒と51秒の間には連続的に変化する量があるが，ディジタル時計では不連続なステップ状に変化した表示となる．すなわち，ディジタル量は近似的に表現するということでもある．一方，アナログ時計は，長針も短針もその間を時間の経過に比例して連続的に変化し，指針が文字盤のどの位置にあるかで時刻を表している．このように，時間的または空間的に連続して変化する量をアナログ量といい，このような表現法をアナログ（analogue）という．

　ディジタル（digital）という言葉は形容詞で，その名詞であるディジット（digit）は，数字，桁，指を表す言葉である．コンピュータ内部で1または0のデータを記憶する際，たとえば32ビットのコンピュータは，一度に処理できるビット（2進数1桁）数が32を表している．この有限な桁の数値で表された量をディジタル量といい，このような表現法をディジタルという．ディジタルを用いた方法には，デジタル放送，デジタル回線，デジタル署名などがある．なお，デジタルカメラのように，ディジタルとともにデジタルという表現も広く用いられている．

　人間の指は両手，両足それぞれ10本ある．手の指には，親指，人差し指というように名前が付けられているので，指を使って数え上げるときも，1つ，2つというように離れている指をうまく利用することができる．このことから，ディジタルを離散的と呼んでいる．すなわち，ディジタルの世界は数字の世界である．たとえば，われわれが日常用いる10進数表現では，0，1，2，…，9の次は1桁増えて10，11，12，…と数え上げる．一方，コンピュータでは，0と1の2進数が用いられ，0，1の次は1桁増えて10（イチゼロ），11（イチイチ），その次は更に1桁増えて100（イチゼロゼロ），101（イチゼロイチ），…と続く．このように，ディジタルとは，ある量を表すのに，その量に該当する数字で表現するやり方である．自然現象をこのような0と1の2値で表現することで，コンピュータ処理が可能になる．たとえば，「電圧があるレベルより高いか低いか」，「スイッチがオンかオフか」，「LEDが点灯か消灯か」，「電流が流れているか流れていないか」，「磁界が時計回りか反時計回りか」，「磁場がN極かS極か」など，それぞれについて2つの状態を1と0に対応させることができる．

　例題　1　広く使われている計測器には，アナログ式とディジタル式がある．そのような計測器にはどのようなものがあるか．

　解答　温度計，湿度計，血圧計，電圧計，電流計，テスター，体重計，時計，コンピュータ，速度計

ドリル No.1　　Class　　　No.　　　Name

問題 1.1 アナログ式温度計とディジタル式温度計の違いを説明せよ．

問題 1.2 デジタルカメラとフィルム式カメラの違いを説明せよ．

問題 1.3 アナログコンピュータとディジタルコンピュータについて説明せよ．

問題 1.4 カセットテープとCD（コンパクトディスク）の再生の違いを説明せよ．

問題 1.5 アナログ放送とディジタル放送の違いを説明せよ．

チェック項目	月　日	月　日
ディジタルとアナログの違いを説明できる．		

1. ディジタル技術の基礎　　1.2　ディジタル回路とアナログ回路

> ディジタル回路は，0と1の不連続な2つの状態を扱う回路である．アナログ回路は，信号の時間的な変化を連続的にとらえて処理を行う回路である．

　ディジタル回路は，0と1の不連続な2つの状態を扱う回路であり，入力と出力には線形的な関係はない．このようなディジタル的な変化をするものとして，お金がある．1円，5円，10円，50円，100円などと数値を取り扱うディジタル量である．一方，アナログ信号を扱うアナログ回路では入力と出力が線形な関係をもっている．たとえば，オーディオアンプは，入力信号の電圧や電流，または電力を増幅して出力する電子回路である．音声信号などの入力信号をそのままの形で増幅してスピーカから音を出すので，入力信号を時間，振幅とも連続で扱い，入力と出力は比例関係にある．すなわち，アナログ回路は，信号の時間的な変化を連続的にとらえて処理を行う回路である．

　ディジタルでは途切れ途切れの離散的な量（多くは電圧）を扱い，この量に基づいて構成される電子回路がディジタル回路である．ディジタル回路では，たとえば，5Vを1,0Vを0とし，この2値のみを扱うことでさまざまな機能を実現している．

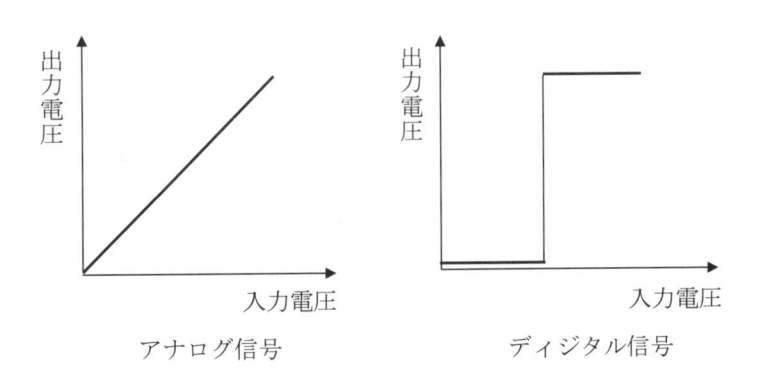

　　　　　アナログ信号　　　　　　　　ディジタル信号

　オーディオの分野でも，アナログの音声データを0と1の組み合わせで表現する方法が一般的である．この方法を用いると，音量を上げる場合にアナログで一般に増幅と呼んでいることが，ディジタルでは数値の加算で行われる．たとえば，音量を2倍にするためには，もとの数値どうしを加算すればよい．このように，ディジタルの世界では，さまざまな処理はすべて演算によって行われる．しかも，それらの基本演算は加算である．

　ところで，世の中にあるすべてものはアナログ量である．たとえば，人の声などの音声や映像はアナログ量である．一方，CCDカメラなどで光に応じた電荷として検出され，コンピュータで処理できるように変えたものがディジタル量である．ディジタル化はあくまでも離散的な表現であるので，いかに精度よく表すかが重要となる．アナログ量をディジタル回路で扱えるようにするためには，アナログ量をある刻みを単位としてきわめて多くの桁からなるディジタル量とみなして入力する必要がある．この桁数が多ければ多いほど，アナログ回路の場合とほぼ同等の出力結果が得られる．

ドリル No.2　Class　　　No.　　　Name

問題 2.1　アナログ回路とディジタル回路にはどのようなものがあるか．

問題 2.2　アナログ回路とディジタル回路の違いを説明せよ．

問題 2.3　ディジタル回路と比較して，アナログ回路の特徴を述べよ．

問題 2.4　長さ1.5〔m〕の銅線の一端にディジタル信号を加えた場合，銅線を通過する時間を求めよ．

チェック項目	月　日	月　日
ディジタル回路とアナログ回路について説明できる．		

2. ディジタル回路の数表現　　2.1　2進数

> 2進整数は，右端の桁から 2^0, 2^1, 2^2, 2^3, …の重みをもっている．

ディジタル回路では，電圧の高い値（High）と低い値（Low）を1と0に対応させるので，2進数を理解することは重要である．2進数1桁で表現できるのは，0と1だけである．この2進数の1桁をビット（bit）と呼んでいる．

10進数と同様，たとえば2進数の1011.1（イチゼロイチイチテンイチ）は以下のように，各ビットにそれぞれのビットの位取りの値（重み）をかけて加算することで10進数に変換できる．ここで，1011.1_2 の添字2は2進数であることを表す．

$$1011.1_2 = 1\times 2^3 + 0\times 2^2 + 1\times 2^1 + 1\times 2^0 + 1\times 2^{-1}$$

2進数→10進数

例題　3.1　2進数 11.11 を10進数に変換せよ．

解答　$11.11_2 = 1\times 2^1 + 1\times 2^0 + 1\times 2^{-1} + 1\times 2^{-2} = 2+1+0.5+0.25 = 3.75_{10}$

10進数→2進数

10進数から2進数に変換する場合，整数と小数では異なる方法が用いられる．

(1) **整数**

例題　3.2　10進数 100 を2進数に変換せよ．

解答　初めに100を2で割り，その余りを最下位桁（LSB）とする．次に，その商をさらに2で割り，その余りを次の上位の1桁とする．これを商が2より小さくなるまで次々に繰り返す．この最後の商が最上位桁（MSB）を表している．

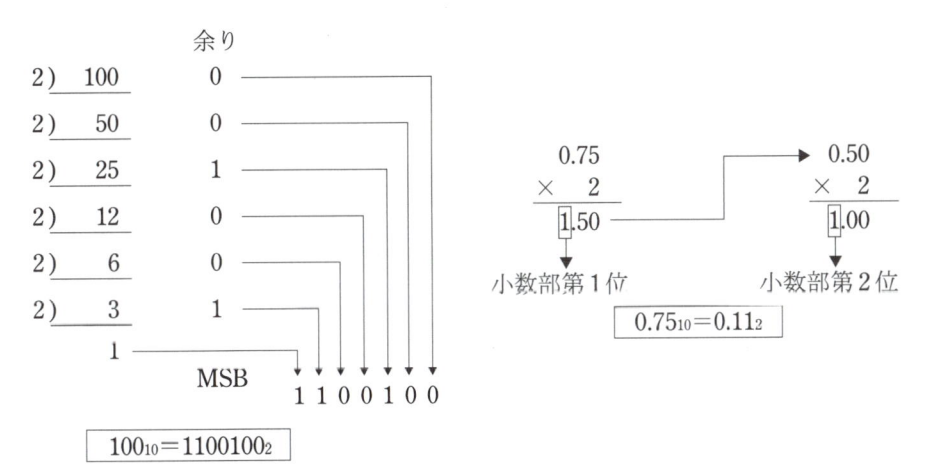

```
      余り
2) 100   0
2)  50   0
2)  25   1
2)  12   0
2)   6   0
2)   3   1
     1
    MSB  1100100
```

$$100_{10} = 1100100_2$$

```
 0.75          0.50
× 2           × 2
─────         ─────
 1.50          1.00
小数部第1位    小数部第2位
```

$$0.75_{10} = 0.11_2$$

(2) **小数**

例題　3.3　10進数 0.75 を2進数に変換せよ．

解答　2を乗じて整数部への桁上げが生じた場合にはその値を，生じない場合には0を小数部第1位とする．次に，乗算結果の小数部に2を乗じて同様の処理を行い，それを小数部第2位として繰り返す．この過程で，小数部が0になった時点で終了する．もし，何度繰り返しても0とならない場合には，この基数変換において誤差が生じることを意味し，必要な桁数まで求めればよい．

ドリル No.3　　Class　　　No.　　　Name

問題 3.1 2進数1桁を何というか．

問題 3.2 次の2進数を10進数に変換せよ．
(1) 011100　　　　　　　　　　(2) 111111

問題 3.3 次の10進数を2進数に変換せよ．
(1) 127　　　　　　　　　　　　(2) 1000

問題 3.4 2進数 1100.101 を10進数に変換せよ．

問題 3.5 10進数 0.375 を2進数に変換せよ．

問題 3.6 10進数 3.14 を2進数に変換せよ．

チェック項目	月　日	月　日
2進数と10進数の相互変換ができる．		

2. ディジタル回路の数表現　　2.2　16進数

16を基数として表した数が16進数である．0から9までは10進数と同じで，10進数の10から15までをアルファベットのAからFを用いて表す．

16進数では0から9までは10進数と同じく表すが，10進数の10はアルファベットのA，11はB，12はC，13はD，14はE，15はFで表す．また，16進数のFは2進数では1111となることから，2進数を4桁ずつまとめると16進数1桁となる．ビット数が多い場合，2進数よりも16進数で表した方が扱いやすく，かつ誤りの危険性を減らすことができるのでよく用いられる．

10進数，2進数，16進数の対応表

10進数	2進数	16進数	10進数	2進数	16進数
0	0000	0	9	1001	9
1	0001	1	10	1010	A
2	0010	2	11	1011	B
3	0011	3	12	1100	C
4	0100	4	13	1101	D
5	0101	5	14	1110	E
6	0110	6	15	1111	F
7	0111	7	16	10000	10
8	1000	8	17	10001	11

16進数 → 10進数

16進数を10進数に変換するには，すでに述べた2進数を10進数に変換する方法と同様に行う．2進数では2のべき乗の重みが，16進数では16のべき乗となる．

例題 4.1　16進数34を10進数に変換せよ．

解答　$34_{16} = 3 \times 16^1 + 4 \times 16^0 = 48 + 4 = 52_{10}$

例題 4.2　16進数AB.CDを10進数に変換せよ．Aを10，Bを11，Cを12，Dを13として計算する．

解答　$AB.CD_{16} = \underline{10} \times 16^1 + \underline{11} \times 16^0 + \underline{12} \times 16^{-1} + 13 \times \underline{16^{-2}} = 160 + 11 + \frac{12}{16} + \frac{13}{16^2}$
$= 171.80078125_{10}$

10進数 → 16進数

10進数から16進数に変換する場合について，整数と小数で分けて考える．

(1) **整数**

例題 4.3　10進数48を16進数に変換せよ．

解答　2進数に変換する方法と異なる点は，2で割るのではなく16で割ることである．

```
        余り
16) 48   0
     3
         ↓ ↓
         3 0
```

$48_{10} = 30_{16}$

例題 4.4　10進数の1000を16進数に変換せよ．

解答

```
           余り
16) 1000    8
16)   62   14₁₀ = E
       3
       ↓   ↓  ↓
       3   E  8
```

$1000_{10} = 3E8_{16}$

— 7 —

(2) 小数

例題 4.5 10進数 0.75 を16進数に変換せよ．

10進小数を2進数に変換する方法では2を乗じたが，16進数に変換する場合には16を乗じ，それ以外には同様である．

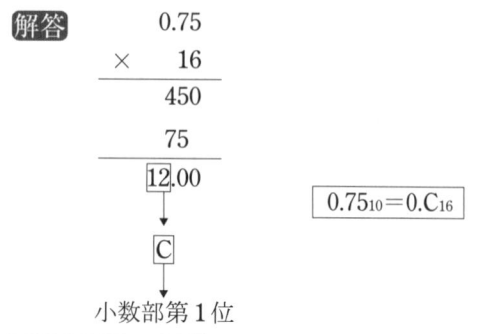

解答
```
      0.75
   ×   16
      450
      75
    12.00
```
↓
C

小数部第1位

$0.75_{10} = 0.C_{16}$

2進数 ⇔ 16進数

はじめに2進数を16進数に変換する方法を述べる．以前，16進数1桁は2進数4ビットに相当することを述べた．**例題**で考えてみよう．

例題 4.6 2進数 11001111 を16進数に変換せよ．

解答 まず，最も重みの小さなビット（右端のビット）から4ビットごとに区切っていく．各4ビットは右端から $2^0=1$, $2^1=2$, $2^2=4$, $2^3=8$ の重みをもっている．したがって，
$$1100_2 = 8_{10} + 4_{10} = 12_{10} = C_{16}, \quad 1111_2 = 8_{10} + 4_{10} + 2_{10} + 1_{10} = 15_{10} = F_{16}$$
となる．2進数・16進数の対応表から求めてもよい．
$$11001111_2 = 1100 | 1111_2 = CF_{16}$$

例題 4.7 2進数 0101111010 を16進数に変換せよ．

解答 まず，右端のビットから4ビットごとに区切っていく．この区切りで4ビットに足りなければ0を補い4ビットにする．
$$0101111010_2 = 01|0111|1010_2 = \underline{000}1|0111|1010_2 = 17A_{16}$$

例題 4.8 2進数 111.11 を16進数に変換せよ．

解答 小数点を基準に4ビットごとに区切る．2進数4ビットを16進数1桁に変換する．
$$111.11_2 = \underline{0}111.11\underline{00}_2 = 7.C_{16}$$

次に，16進数を2進数に変換する方法について説明する．

16進数を2進数に変換するには，16進数の各桁を2進数4ビットに変換する．

例題 4.9 16進数 12.AF を2進数に変換せよ．

解答 $12.AF_{16} = 00010010.10101111_2 = 10010.10101111_2$

ドリル No. 4　　Class　　　No.　　　Name

問題 4.1 次の 16 進数を 10 進数に変換せよ．
(1) A　　(2) 8E　　(3) A98　　(4) 48E　　(5) CDEF

問題 4.2 次の 16 進数を 10 進数に変換せよ．
(1) 3.8　　(2) CD.E　　(3) 111.1　　(4) FFF.F　　(5) 1234.5

問題 4.3 次の 2 進数を 16 進数に変換せよ．
(1) 1110.1111　　(2) 10000001.1010　　(3) 101010.011011　　(4) 10001.1

(5) 1000000.0011001

問題 4.4 次の 16 進数を 2 進数に変換せよ．
(1) F　　(2) 2C　　(3) 89A　　(4) 3C.B　　(5) 225.4

問題 4.5 次の 10 進数を 2 進数に変換せよ．
(1) 15　　(2) 100　　(3) 127　　(4) 256　　(5) 1000

問題 4.6 次の 10 進数を 2 進数に変換せよ．
(1) 5.25　　(2) 15.75　　(3) 525.25　　(4) 32.1875　　(5) 255.625

問題 4.7 次の 10 進数を 16 進数に変換せよ．
(1) 100.125　　(2) 125.875　　(3) 112.75　　(4) 206.25　　(5) 524.9375

チェック項目	月　日	月　日
2 進数・16 進数・10 進数の相互変換ができる．		

2. ディジタル回路の数表現　　2.3　負数の表現

負数は，正数の各ビットを反転し，1を加算した2の補数表現が用いられる．

　コンピュータで数値情報を表現する場合，最上位ビットを正と負を分ける符号ビットと決めている．最上位ビットが0の場合を正数，1の場合を負数としている．ここで，負数表現では，2の補数（complement）と呼ばれる独特の方法が用いられる．たとえば，10進数の−3を3ビットで表現する手順を以下に示す．

　−3を求めるには，まず正数+3を2進数で表す．正数なので3ビットの最上位ビットは0，残りの2ビットで絶対値を表す．したがって，011が10進数の+3を表す．次に，すべてのビットを反転し，1を加えた101が−3の2の補数表現となる．

$$\boxed{\text{正数} \Rightarrow \text{ビット反転} \Rightarrow \text{1を加算} = \text{負数}}$$

8ビットの符号付き2進数表現を以下に示す．10進数では−128〜+127を表すことができる．

符号付き2進数表現

2進数	10進数
01111111	+127
01111110	+126
01111101	+125
⋮	⋮
00000011	+3
00000010	+2
00000001	+1
00000000	0
11111111	−1
11111110	−2
11111101	−3
⋮	⋮
10000001	−127
10000000	−128

例題 5.1　2の補数 11110011 を 10 進数で表せ．

解答　符号ビットが1なので負数を表している．各ビットを反転し，1を加えた数値が大きさを表している．

$$00001100 + 1 = 00001101_2 = 13_{10}$$

よって，10進数は負号を付けて，−13となる．

例題 5.2　10 進数の −100 を，8ビットの2の補数で表せ．

解答　まず，+100 を 8 ビットの 2 進数で表す．

$$100_{10} = 01100100_2$$

−100 はこの 01100100 の各ビットを反転し，+1 で得られる．よって

$$10011011 + 1 = 10011100_2 \text{ となる．}$$

ドリル No. 5　　Class　　　No.　　　Name

問題 5.1　10進数の −7 を2の補数を用いて表せ．ただし，扱うビット数を4ビットとせよ．

問題 5.2　10進数の −123 を2の補数を用いて表せ．ただし，扱うビット数を8ビットとせよ．

問題 5.3　2の補数を用いて数値を表現する場合，4ビットで表現できる範囲を10進数で答えよ．

チェック項目	月　日	月　日
コンピュータでの負数の表現がわかる．		

2. ディジタル回路の数表現　　2.4　符号体系

コンピュータでは，英数字，文字，記号なども2進数に符号化される．

コンピュータ内部では，数字や文字も2進数に符号化（コード化）され，その変換にはいくつかの符号体系が用いられる．

(1) ASCII（アスキー）コード

ANSI（米国規格協会）が制定した英数字，記号，改行コードで構成される文字コード体系で，7ビットのコードで表される．

ASCIIコード表

$b_3 \sim b_0$ \ $b_6 \sim b_4$	000	001	010	011	100	101	110	111
0000	NUL	DLE	SP	0	@	P	`	p
0001	SOH	DC1	!	1	A	Q	a	q
0010	STX	DC2	"	2	B	R	b	r
0011	ETX	DC3	#	3	C	S	c	s
0100	EOT	DC4	$	4	D	T	d	t
0101	ENQ	NAK	%	5	E	U	e	u
0110	ACK	SYN	&	6	F	V	f	v
0111	BELL	ETB	'	7	G	W	g	w
1000	BS	CAN	(	8	H	X	h	x
1001	HT	EM	)	9	I	Y	i	y
1010	LF	SUB	*	:	J	Z	j	z
1011	VT	ESC	+	;	K	[	k	{
1100	FF	FS	,	〈	L	¥	l	|
1101	CR	GS	−	=	M	]	m	}
1110	SO	RS	.	〉	N	^	n	～
1111	SI	US	/	?	O	_	o	DEL

(2) BCDコード

日常生活では10進数を広く用いているため，10進数表現のほうが都合のよい場合が多い．そこで，10進数をディジタル回路で表現するため10進数の各桁を4ビットの2進数で表現したBCDコードが用いられる．このコードは，各ビットに重み8, 4, 2, 1をつけたものである．たとえば，3桁の10進数456をBCDコードで表すと，10進各桁に2進数4ビットが対応し，次のように表される．

```
10進数        4      5      6
              ↓      ↓      ↓
BCDコード    0100   0101   0110
```

この表現法は，10進数との対応が簡単であるためコンピュータの出力表示でよく用いられる．しかし，2進数で正数に限定すると，8ビットでは0～255まで表すことができるのに対し，BCDでは0～99と半分以下となる．

ドリル No.6　　Class　　　No.　　　Name

問題 6.1 アスキーコードでアルファベットの"R"はどのように表されるか．

問題 6.2 アスキーコードでアルファベットの"X"と"Z"はそれぞれどのように表されるか．また，その2つにはどのような関係があるか．

問題 6.3 グレイコードについて調べよ．

問題 6.4 2-out-of-5 コードについて調べよ．

問題 6.5 3あまりコードについて調べよ．

問題 6.6 次のBCDコードを10進数に変換せよ．
(1) 10000110
(2) 010101000011

チェック項目	月　日	月　日
符号体系について説明できる．		

3. 基本論理回路　　3.1　正論理と負論理

電圧の高い（High）と低い（Low）に対して，それぞれ論理値1と論理値0に対応させることを正論理といい，論理値0と論理値1に対応させることを負論理という．

　ディジタル回路では，一般に電気信号をしきい値（スレッショルドレベル：threshold level）と呼ばれるある電圧レベルと比較して，高い（High），低い（Low）の2つの値で表している．ここで，高い電圧レベルに対して論理値の1を，低い電圧レベルに対して論理値の0を対応させることを正論理（positive logic），またはアクティブハイ（active high）という．一方，高い電圧レベルを論理値の0，低い電圧レベルを論理値の1に対応させたものを負論理（negative logic），またはアクティブロー（active low）という．

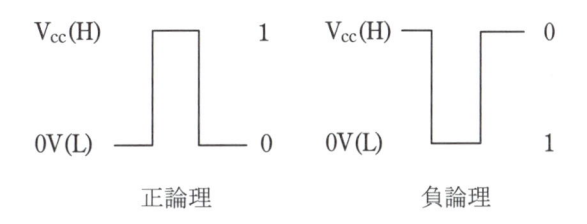

正論理　　　　　負論理

　たとえば，TTL（Transistor-Transistor Logic）素子では，図のように電源電圧として5〔V〕が用いられているが，論理1と論理0の境界値（しきい値）は0.8～2.0〔V〕である．したがって，論理0は0～0.8〔V〕で余裕度は0.8〔V〕，論理1は2.0～5〔V〕なので約3〔V〕の余裕がある．もし，ノイズなどによって電圧が多少変動したとしても，しきい値を超えなければ論理に変化は生じない．ちなみに，低電圧TTLの場合，電源電圧は3.3〔V〕で論理1は2.0～3.3〔V〕，論理0は0～0.8〔V〕である．これら両者とも，0.8～2.0〔V〕の間は論理0か1か不定の範囲であり，この範囲にならないように注意しなければならない．

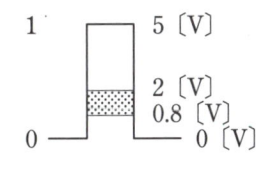

論理としきい値の関係

例題 7　0〔V〕と5〔V〕の2つの電圧レベルに対して，正論理の場合，論理1と論理0はどのようになるか．また，負論理の場合はどうか．

解答　正論理の場合は，5〔V〕が論理1，0〔V〕が論理0を表す．負論理の場合は，5〔V〕が論理0，0〔V〕が論理1を表す．

ドリル No. 7　　Class　　No.　　Name

問題 7.1　2つの電圧レベル -3 〔V〕と -5 〔V〕に対して，正論理の場合に論理1となるのはどちらか．

問題 7.2　スレッショルドレベルについて説明せよ．

問題 7.3　システムの動作異常を検出する場合，負論理を用いるメリットは何か．

問題 7.4　下図の CMOS を用いた回路において，正論理と負論理の場合について以下の真理値表を完成させよ．（ヒント：pMOS トランジスタは入力が L のとき ON，nMOS トランジスタは入力が H のとき ON となる）

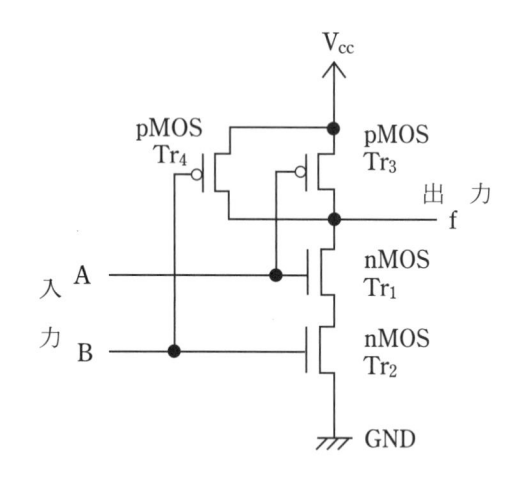

正論理

入力		出力
A	B	f

負論理

入力		出力
A	B	f

チェック項目	月 日	月 日
正論理と負論理について説明できる．		

3. 基本論理回路　　3.2　AND ゲート

> すべての入力が1のとき出力が1になる回路がAND ゲートである．

図示したスイッチ回路で，LED を点灯させるためには，直列に接続したスイッチ A とスイッチ B がともに ON でなければならない．真理値表はスイッチの ON, OFF と LED の点灯の関係を表したものである．

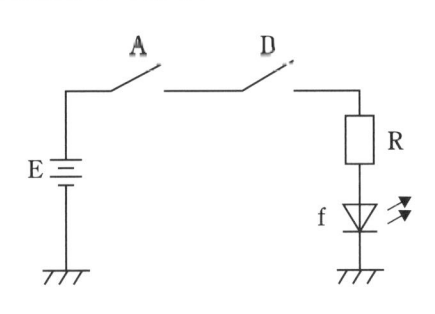

真理値表

入力		出力
A	B	f
OFF	OFF	消灯
ON	OFF	消灯
OFF	ON	消灯
ON	ON	点灯

スイッチ回路での AND 構成

上記の真理値表で OFF＝0, ON＝1, 消灯＝0, 点灯＝1 に対応付けすると，以下の真理値表が得られる．この真理値表を満足するコンピュータの基本回路は AND ゲートと呼ばれ，入出力関係は次の論理式で表される．

$$f = A \cdot B$$

AND 構成の真理値表

入力		出力
A	B	f
0	0	0
1	0	0
0	1	0
1	1	1

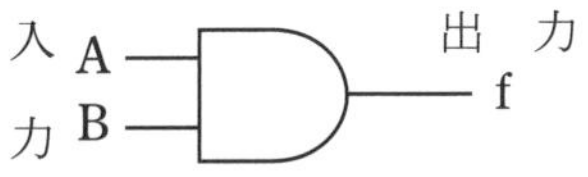

AND ゲート

例題 8.1　4入力 AND ゲートの入出力関係を求めよ．

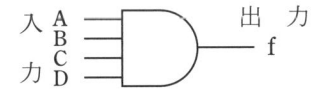

4入力AND ゲート

解答　$f = A \cdot B \cdot C \cdot D$

例題 8.2　2入力 AND ゲートに，図示した入力を加えた場合の出力波形を求めよ．

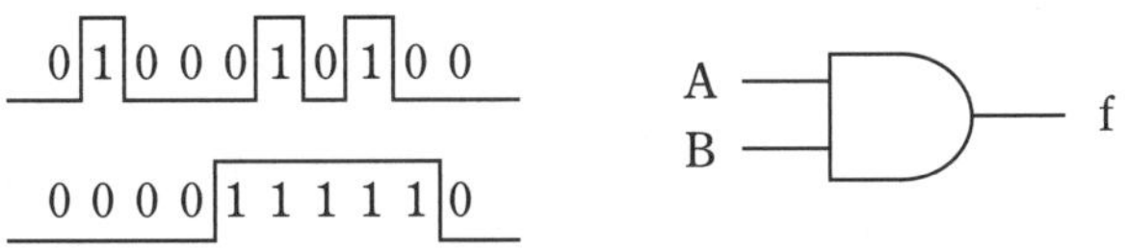

解答

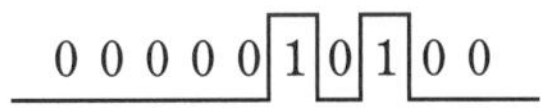

A: 0 1 0 0 0 1 0 1 0 0
B: 0 0 0 0 1 1 1 1 1 0
f: 0 0 0 0 0 1 0 1 0 0

— 17 —

ドリル No.8　Class　　　No.　　　　Name

問題 8.1 以下の3入力ANDゲートの真理値表を完成させよ．

入力			出力
A	B	C	f
0	0	0	
0	0	1	
0	1	0	
0	1	1	
1	0	0	
1	0	1	
1	1	0	
1	1	1	

問題 8.2 図示した論理回路の入出力関係を求めよ．

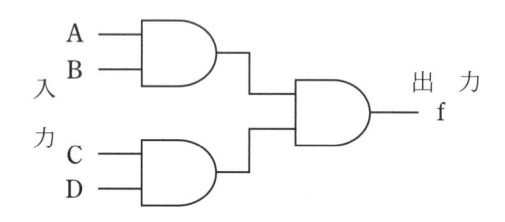

問題 8.3 図示したダイオードを用いたANDゲートの入出力関係を求めよ．

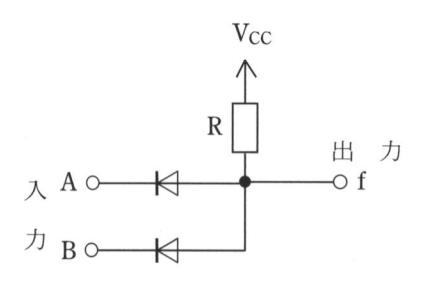

チェック項目	月　日	月　日
ANDゲートの動作を説明できる．		

3. 基本論理回路　　3.3　ORゲート

少なくとも1つの入力が1のとき出力が1になる回路がORゲートである．

下図はAまたはBの少なくともいずれか一方のスイッチがONのときLEDが点灯するスイッチ回路である．入力と出力の関係は真理値表のようになる．

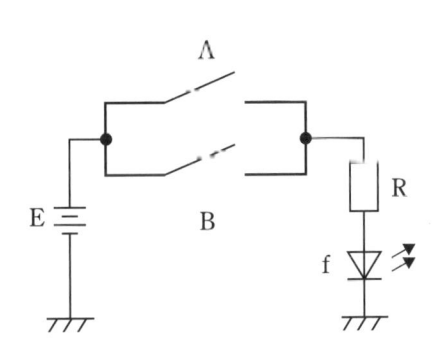

真理値表

入力		出力
A	B	f
OFF	OFF	消灯
ON	OFF	点灯
OFF	ON	点灯
ON	ON	点灯

真理値表でOFF＝0，ON＝1，消灯＝0，点灯＝1に対応付けすると以下の真理値表が得られ，これを満足するコンピュータの基本回路はORゲートと呼ばれる．

OR構成の真理値表

入力		出力
A	B	f
0	0	0
1	0	1
0	1	1
1	1	1

入出力とも電圧レベルのLow, Highに対してそれぞれ0，1に対応させると，入出力関係は次の論理式で表される．

$$f = A + B$$

例題 9.1　3入力ORゲートの入出力関係を求めよ．

3入力ORゲート

解答　$f = A + B + C$

例題 9.2　2入力ORゲートに，図示した入力を加えた場合の出力波形を求めよ．

A: 0 1 0 0 0 1 0 1 0 0
B: 0 0 0 0 1 1 1 1 1 0

2入力ORゲート

解答

0 1 0 0 1 1 1 1 1 0

ドリル No. 9　　Class　　　No.　　　Name

問題 9.1 以下の3入力ORゲートの真理値表を完成させよ．

入力			出力
A	B	C	f
0	0	0	0
0	0	1	1
0	1	0	1
0	1	1	1
1	0	0	1
1	0	1	1
1	1	0	1
1	1	1	1

問題 9.2 図示した論理回路の入出力関係を求めよ．

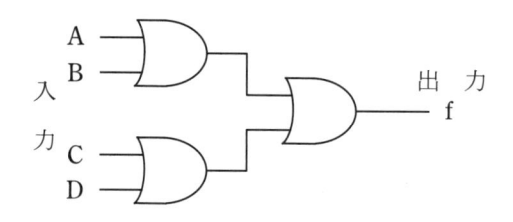

$$f = (A + B) + (C + D) = A + B + C + D$$

問題 9.3 図示したダイオードを用いたORゲートの入出力関係を求めよ．

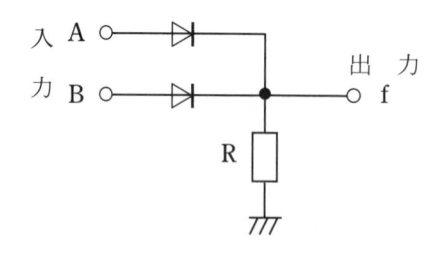

$$f = A + B$$

チェック項目	月　日	月　日
ORゲートの動作を説明できる．		

3. 基本論理回路　　3.4 インバータ

入力が1のとき0，1のとき0を出力する回路がインバータである．

CMOS（Complementary Metal Oxide Semiconductor）は図に示すようにnMOSトランジスタ（Tr₁）とpMOSトランジスタ（Tr₂）とを結合させたもので，インバータとしての機能をもつ．

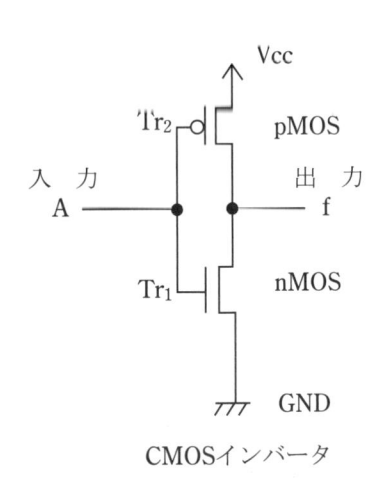

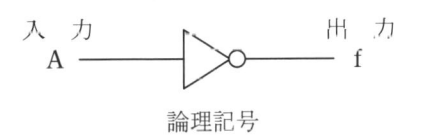

CMOSインバータ

論理記号

真理値表

入力	出力
A	f
1	0
0	1

上図において，入力 A が High のとき，pMOS トランジスタは OFF，nMOS トランジスタは ON となり，出力 f は GND と同電位の Low となる．次に，入力 A が Low のとき，今度は nMOS トランジスタが OFF，pMOS トランジスタが ON となり，出力 f は V_{cc} と同電位で High となる．以上のことから，入力信号の反転信号が出力から得られ，インバータと呼ばれる．

入出力関係は次のように表される．

$$f=\overline{A}$$

例題 10.1　インバータに図示したパルスが入力された場合の出力波形を求めよ．

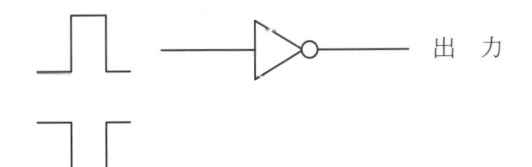

解答

例題 10.2　インバータを2段にした回路に，図示したパルスが入力された場合の出力波形を求めよ．

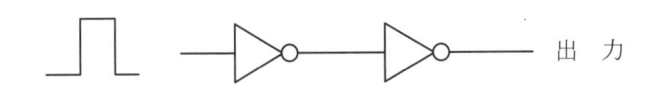

解答

— 21 —

ドリル No.10　Class　　　No.　　　　Name

問題 10.1 図示した論理回路の入出力関係を求めよ．

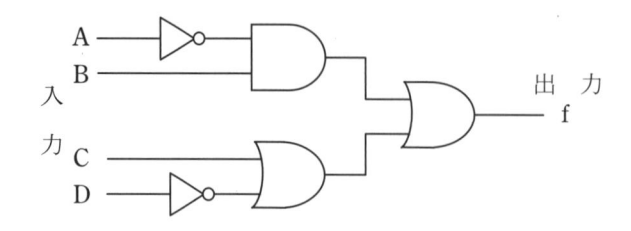

問題 10.2 $f=(\overline{A}+\overline{B})\cdot(C+D)$ を満足する論理回路を，AND ゲート，OR ゲート，インバータを用いて構成せよ．

問題 10.3 問題 10.2 の論理回路の真理値表を作成せよ．

チェック項目	月　日	月　日
インバータの動作を説明できる．		

4. 代表的な論理ゲート　　4.1　NANDゲート

すべての入力が1のときのみ出力が0になる回路がNANDゲートである．

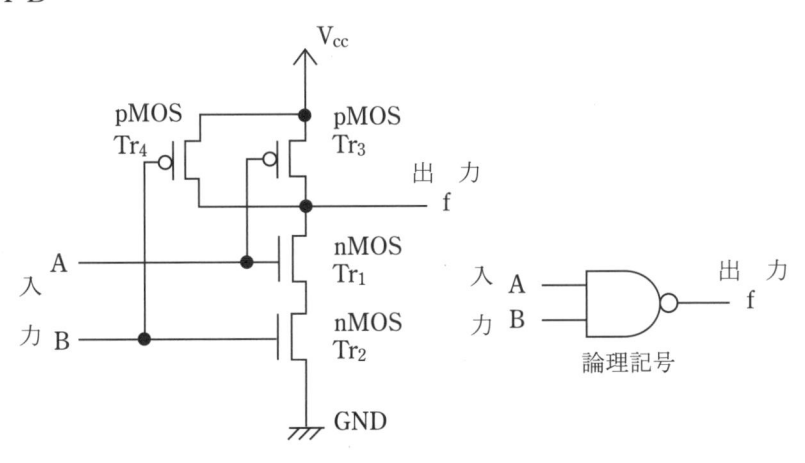

　CMOSを用いた2入力NANDゲートにおいて，2つの入力A，BがともにHighのときだけnMOSトランジスタはともにON，pMOSトランジスタはともにOFFとなり，出力fはLowとなる．また，入力に1つでもLowがあるとそれに接続されたnMOSトランジスタはOFF，一方，pMOSトランジスタはONとなるため，出力fはHighとなる．たとえば，入力AがLowであるとTr$_1$はOFF，Tr$_3$はONとなり，出力fはもう1つの入力に依存することなくHighとなる．これは入力Bについても同様である．逆に出力fをLowにするためには，Tr$_1$，Tr$_2$がともにONで，Tr$_3$，Tr$_4$がともにOFFでなければならない．すなわち，出力fがLowとなるのは，入力A，BがともにHighのときである．
　NANDゲート回路の真理値表は以下のようになり，入出力関係は次の論理式で表される．

$$f = \overline{A \cdot B}$$

2入力NANDゲート

真理値表

入力		トランジスタ				出力
A	B	Tr$_1$	Tr$_2$	Tr$_3$	Tr$_4$	f
0	0	OFF	OFF	ON	ON	1
0	1	OFF	ON	ON	OFF	1
1	0	ON	OFF	OFF	ON	1
1	1	ON	ON	OFF	OFF	0

例題　11.1　3入力NANDゲートの入出力関係を求めよ．

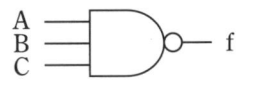

解答　$f = \overline{A \cdot B \cdot C}$

例題　11.2　3入力NANDゲートの真理値表を作成せよ．

解答

入力			出力
A	B	C	f
0	0	0	1
0	0	1	1
0	1	0	1
0	1	1	1
1	0	0	1
1	0	1	1
1	1	0	1
1	1	1	0

ドリル No.11　Class　　No.　　Name

問題 11.1 2入力NANDゲートに，図示した入力を加えた場合の出力波形を求めよ．

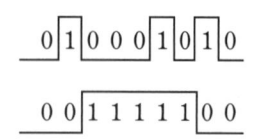

```
A: 0 1 0 0 0 1 0 1 0
B: 0 0 1 1 1 1 1 0 0
```

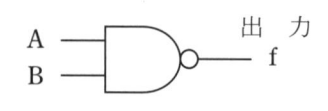

A, B → NANDゲート → 出力 f

問題 11.2 2入力NANDゲートを用いてインバータと等価な回路を構成せよ．

問題 11.3 図示した論理回路の入出力関係を求めよ．

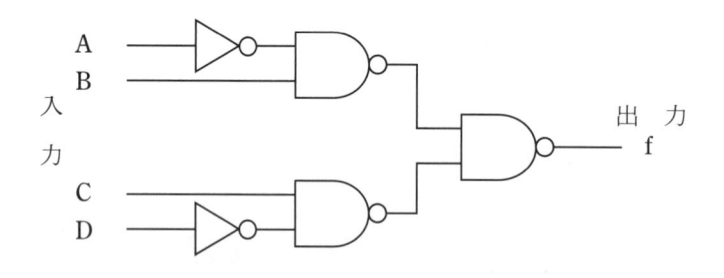

入力 A (インバータ経由), B → NAND
入力 C, D (インバータ経由) → NAND
両NAND出力 → NAND → 出力 f

チェック項目	月　日	月　日
NANDゲートの動作を説明できる．		

4. 代表的な論理回路　　　4.2　NORゲート

> すべての入力が0のときのみ出力が1になる回路がNORゲートである．

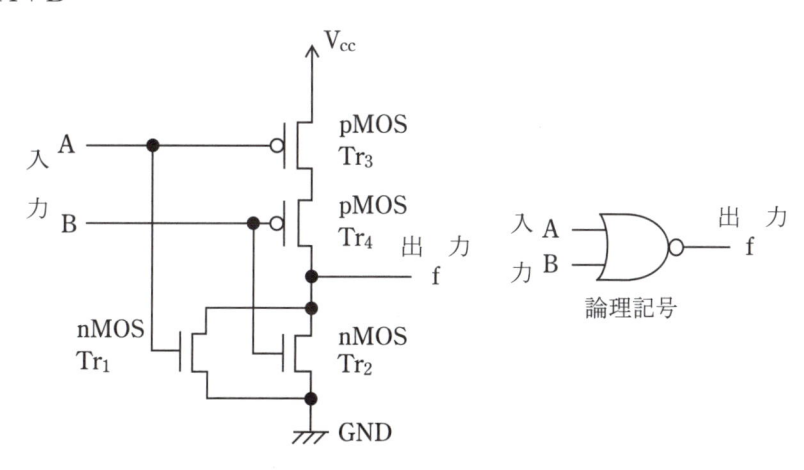

　CMOSを用いた2入力NORゲートにおいて，入力A，BがともにLowの場合には2つのpMOSトランジスタはともにON，nMOSトランジスタはともにOFFとなり出力fはHighとなる．また，入力に1つでもHighがあるとそれに接続されたpMOSトランジスタはOFFとなる．一方，それに接続されたnMOSトランジスタはONとなるため，出力fはLowとなる．たとえば，入力AがHighであるとTr$_1$はON，Tr$_3$はOFFとなり，出力fはもう1つの入力に依存することなくLowとなる．これは入力Bについても同様である．逆に出力fをHighにするためには，Tr$_1$，Tr$_2$がともにOFFで，Tr$_3$，Tr$_4$がともにONでなければならない．すなわち，出力fがHighとなるのは，入力A，BがともにLowのときである．
　NORゲートの真理値表は以下のようになり，入出力関係は次の論理式で表される．

$$f = \overline{A+B}$$

2入力NORゲート

真理値表

入力		トランジスタ				出力
A	B	Tr$_1$	Tr$_2$	Tr$_3$	Tr$_4$	f
0	0	OFF	OFF	ON	ON	1
0	1	OFF	ON	ON	OFF	0
1	0	ON	OFF	OFF	ON	0
1	1	ON	ON	OFF	OFF	0

例題 12.1　3入力NORゲートの入出力関係を求めよ．

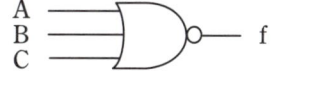

解答　$f = \overline{A+B+C}$

例題 12.2　3入力NORゲートの真理値表を作成せよ．

解答

入力			出力
A	B	C	f
0	0	0	1
0	0	1	0
0	1	0	0
0	1	1	0
1	0	0	0
1	0	1	0
1	1	0	0
1	1	1	0

ドリル No.12　Class　　No.　　Name

問題 12.1 2入力NORゲートに，図示した入力を加えた場合の出力波形を求めよ．

```
 0 1 0 0 0 1 0 1 0
 0 0 1 1 1 1 1 0 0
```

A, B → NOR → f

問題 12.2 2入力NORゲートを用いてインバータと等価な回路を構成せよ．

問題 12.3 図示した論理回路の入出力関係を求めよ．

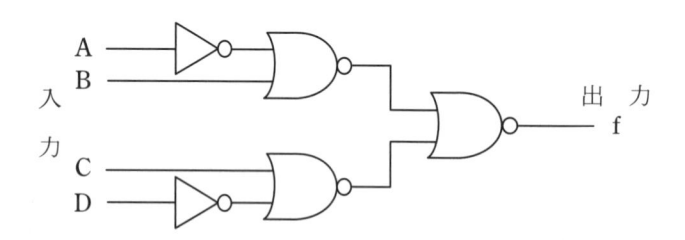

入力：A, B, C, D → 出力 f

チェック項目	月　日	月　日
NORゲートの動作を説明できる．		

4. 代表的な論理ゲート　　4.3　XORゲート

2つの入力が異なるときに出力が1になる回路がXORゲートである．

XORゲート（eXclusive-OR）は，排他的論理和とも呼ばれる．XORゲートは入力Aと入力Bが一致しないときのみ出力fが1となる回路である．

真理値表

入力		出力
A	B	f
0	0	0
0	1	1
1	0	1
1	1	0

したがって，XORゲートは次の論理式で表される．

$$f = \overline{A} \cdot B + A \cdot \overline{B} = A \oplus B$$

ここで，記号 $\oplus$ はXORを表す．XORは入力の不一致を検出できることから用途は広い．XORは図のようにANDゲート，ORゲート，インバータを用いて構成できる．

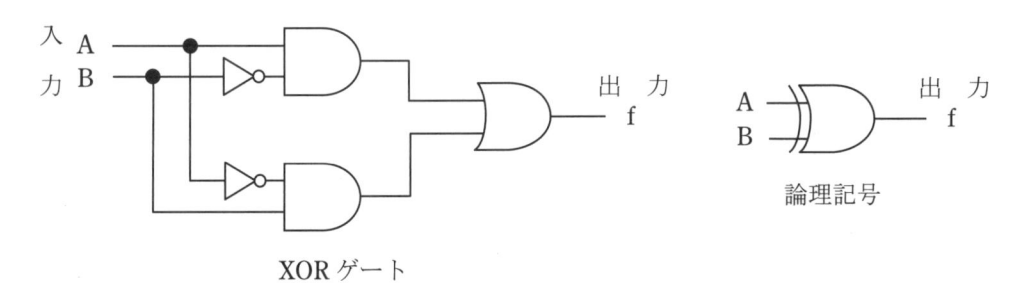

XORゲート　　　　　　　論理記号

例題 13.1　4ビットの入力データに含まれる1の個数が奇数の場合は出力に1を，偶数の場合は出力に0を出す回路を，XORゲートを用いて構成せよ．

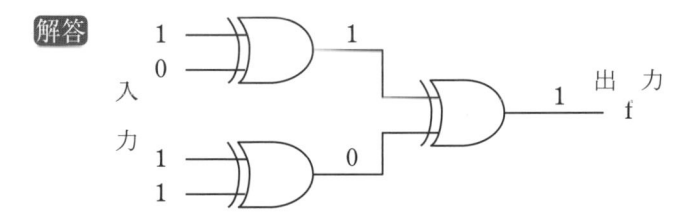

解答

例題 13.2　例題13.1の論理回路を参考に，4ビットの入力データに含まれる1の個数が偶数の場合は出力に1を，奇数の場合は出力に0を出す回路をXORゲートを用いて構成せよ．

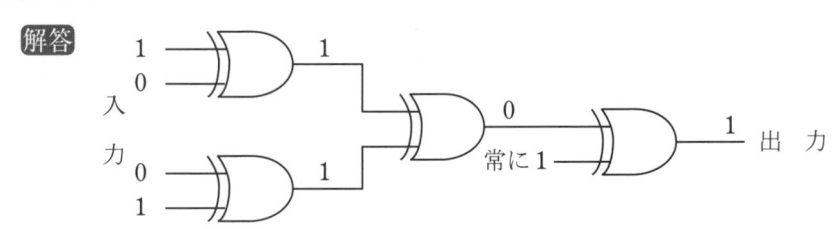

解答

ドリル No. 13　Class　　　No.　　　Name

問題 13.1　XOR ゲートに，図示した入力を加えた場合の出力波形を求めよ．

```
 0 1 0 0 0 1 0 1 0       A ⊕── f
 0 0 1 1 1 1 1 0 0       B
```

問題 13.2　8ビット入力データに含まれる1の個数が奇数の場合は出力に1を，偶数の場合は出力に0を出す回路をXORゲートを用いて構成せよ．

チェック項目	月　日	月　日
XOR ゲートの動作を説明できる．		

5. ブール代数と基本論理演算　　5.1 ブール代数の基本演算

> 真偽を明確に判断できる情報を命題といい，命題が真であれば1，偽であれば0と記号化し，代数学を使って展開したものをブール代数という．

　ある命題 A が真のとき A＝1，命題 A が偽のとき A＝0 とする．2つの命題 A，B に対して，「A かつ B」，「A または B」，「A でない」，それぞれ論理積，論理和，否定という．ブール代数では，これらをそれぞれ A・B，A＋B，$\overline{A}$ のように表す．ここで・，＋，－ を論理演算記号という．この中で，・は省略される場合が多い．

(1) 論理積
論理変数 A，B に対して
$$f = A \cdot B$$
と表される．ここで，f を論理関数という．論理積は AND ともいわれる．

論理積の真理値表

A	B	f=A・B
0	0	0
0	1	0
1	0	0
1	1	1

A，B がともに 1 のとき f＝1

(2) 論理和
論理変数 A，B に対して
$$f = A + B$$
と表される．論理和は OR ともいわれる．

論理和の真理値表

A	B	f=A+B
0	0	0
0	1	1
1	0	1
1	1	1

A，B がともに 0 のとき f＝0

(3) 否定
1 変数を扱い，A に対して
f＝$\overline{A}$ と表される．否定は NOT ともいわれる．

否定の真理値表

A	f=$\overline{A}$
0	1
1	0

A の反転が f

例題 14.1　4 ビットのデータ 1011 と 0101 の論理積を求めよ．
解答
```
        1011
  AND   0101
        0001
```

例題 14.2　4 ビットデータ 1011 と 0101 の論理和を求めよ．
解答
```
        1011
   OR   0101
        1111
```

ドリル No.14　Class　　　No.　　　Name

問題 14.1 8ビットのデータ 10101100 の最上位ビット（MSB）が 1 か 0 かを知りたい．どのような論理演算を行えばよいか．（ヒント：MSB以外はすべて 0 にする）

問題 14.2 8ビットのデータ 10100101 の下位 4 ビットのデータだけを出力する論理回路を構成せよ．

問題 14.3 $A \cdot B = (A+B) \oplus (A \oplus B)$ となることを，真理値表を用いて証明せよ．

チェック項目	月　日	月　日
ブール代数の基本演算を説明できる．		

5. ブール代数と基本論理演算　　5.2 ブール代数の基本定理

> ブール代数の基本定理は，(1) 同一則，(2) 否定則，(3) 交換則，(4) 結合則，(5) 分配則，(6) 吸収則である．

5.1で述べた基本演算をもとに，以下のブール代数の基本定理を導くことができる．ここで，A，B，Cは0または1の値をとる2値論理変数とする．

(1) 同一則　　　　　　　(2) 否定則　　　　　　　(3) 交換則

$$\begin{cases} A+A=A \\ A \cdot A=A \end{cases} \quad \begin{cases} A+\overline{A}=1 \\ A \cdot \overline{A}=0 \end{cases} \quad \begin{cases} A+B=B+A \\ A \cdot B=B \cdot A \end{cases}$$

(4) 結合則　　　　　　　　　　　　(5) 分配則

$$\begin{cases} (A+B)+C=A+(B+C) \\ (A \cdot B) \cdot C=A \cdot (B \cdot C) \end{cases} \quad \begin{cases} A \cdot (B+C)=A \cdot B+A \cdot C \\ A+B \cdot C=(A+B) \cdot (A+C) \end{cases} \quad (15.1)$$

(6) 吸収則

$$\begin{cases} A+1=1 \\ A \cdot 0=0 \end{cases} \quad \begin{cases} A+0=A \\ A \cdot 1=A \end{cases} \quad \begin{cases} A+A \cdot B=A \\ A \cdot (A+B)=A \end{cases} \quad \begin{matrix}(15.2)\\(15.3)\end{matrix}$$

式 (15.2)，(15.3) は次のように証明できる．

$$A+A \cdot B = A \cdot 1 + A \cdot B = A \cdot (1+B) \quad \cdots 分配則，吸収則$$
$$= A \cdot 1 = A \quad \cdots 吸収則$$
$$A \cdot (A+B) = A \cdot A + A \cdot B \quad \cdots 分配則$$
$$= A + A \cdot B = A \cdot 1 + A \cdot B = A \cdot (1+B) \quad \cdots 吸収則，分配則$$
$$= A \cdot 1 = A \quad \cdots 吸収則$$

上記(1)から(6)において，＋と・，0と1を交換した式も成立する．これを双対定理または双対性という．

例題 15.1 式 (15.1) を証明せよ．

解答

$$A+B \cdot C = A \cdot (1+B+C)+B \cdot C = A+A \cdot B+A \cdot C+B \cdot C$$
$$= A \cdot A+A \cdot B+A \cdot C+B \cdot C = A \cdot (A+B)+C \cdot (A+B) = (A+B) \cdot (A+C)$$

例題 15.2 真理値表を用いて式 (15.1) が成り立つことを証明せよ．

解答

A	B	C	B·C	A+B·C (左辺)	A+B	A+C	(A+B)·(A+C) (右辺)
0	0	0	0	0	0	0	0
0	0	1	0	0	0	1	0
0	1	0	0	0	1	0	0
0	1	1	1	1	1	1	1
1	0	0	0	1	1	1	1
1	0	1	0	1	1	1	1
1	1	0	0	1	1	1	1
1	1	1	1	1	1	1	1

ドリル No. 15　Class　　　No.　　　Name

問題　15.1　次の等式が成り立つことを，ブール代数の基本定理を用いて証明せよ．
$(A+B) \cdot (A+\overline{B}) = A$

問題　15.2　次の等式が成り立つことを，ブール代数の基本定理を用いて証明せよ．
$A \cdot B + \overline{A} \cdot \overline{B} + B \cdot C = A \cdot B + \overline{A} \cdot \overline{B} + \overline{A} \cdot C$

問題　15.3　次の等式が成り立つことを，ブール代数の基本定理を用いて証明せよ．
$A \cdot \overline{B} + B \cdot \overline{C} + C \cdot \overline{A} = \overline{A} \cdot B + \overline{B} \cdot C + \overline{C} \cdot A$

チェック項目	月　日	月　日
ブール代数の基本定理を説明できる．		

5. ブール代数と基本論理演算　　5.3　ド・モルガンの定理

> ド・モルガンの定理 $\overline{A+B}=\overline{A}\cdot\overline{B}$, $\overline{A\cdot B}=\overline{A}+\overline{B}$ を理解しよう．

● **ド・モルガンの定理**

$$\begin{cases} \overline{A+B}=\overline{A}\cdot\overline{B} \\ \overline{A\cdot B}=\overline{A}+\overline{B} \end{cases}$$

ド・モルガンの定理は基本的には論理積と論理和の相互変換である．論理式の簡単化や論理の流れを明確にできるなど重要な定理である．ド・モルガンの定理も双対性を満足する．

ド・モルガンの定理 $\overline{A+B}=\overline{A}\cdot\overline{B}$ を真理値表を用いて証明してみよう．

ド・モルガンの定理の真理値表

A	B	A+B	$\overline{A+B}$	$\overline{A}$	$\overline{B}$	$\overline{A}\cdot\overline{B}$
0	0	0	1	1	1	1
0	1	1	0	1	0	0
1	0	1	0	0	1	0
1	1	1	0	0	0	0

ド・モルガンの定理は次式のように，変数の数に関係なく成立する．

$$\overline{A+B+C+\cdots}=\overline{A}\cdot\overline{B}\cdot\overline{C}\cdot\cdots$$
$$\overline{A\cdot B\cdot C\cdot\cdots}=\overline{A}+\overline{B}+\overline{C}+\cdots$$

例題 16.1 次の公式を証明せよ．
$$A+\overline{A}\cdot B=A+B$$

（証明）

$A+\overline{A}\cdot B=A\cdot1+\overline{A}\cdot B=A\cdot(B+\overline{B})+\overline{A}\cdot B=A\cdot B+A\cdot\overline{B}+\overline{A}\cdot B=A\cdot B+A\cdot B+A\cdot\overline{B}+\overline{A}\cdot B=A\cdot B+A\cdot\overline{B}+A\cdot B+\overline{A}\cdot B=A\cdot(B+\overline{B})+B\cdot(A+\overline{A})=A+B$

例題 16.2 次の公式を証明せよ．
$$A+B\cdot\overline{B}=(A+B)\cdot(A+\overline{B})$$

（証明）

$A+B\cdot\overline{B}=A+A+B\cdot\overline{B}=A\cdot1+A\cdot A+B\cdot\overline{B}=A\cdot(B+\overline{B})+A\cdot A+B\cdot\overline{B}=A\cdot B+A\cdot\overline{B}+A\cdot A+B\cdot\overline{B}=A\cdot(A+\overline{B})+B\cdot(A+\overline{B})=(A+B)\cdot(A+\overline{B})$

ドリル No.16　Class　　No.　　Name

問題 16.1 ド・モルガンの定理を用いて次の論理式を簡単化せよ．
$$f = \overline{(A+B) \cdot (A \cdot B)}$$

問題 16.2 ド・モルガンの定理を用いて次の論理式を簡単化せよ．
$$f = \overline{(\overline{A}+\overline{B}) \cdot (\overline{A} \cdot \overline{B})}$$

問題 16.3 ド・モルガンの定理を用いて次の論理式を簡単化せよ．また，真理値表を作成せよ．
$$f = \overline{\overline{A} \cdot \overline{B} + A \cdot B}$$

チェック項目	月　日	月　日
ド・モルガンの定理を説明できる．		

6. 組合せ回路　　6.1 真理値表から論理式の作成 I

真理値表から主加法標準形の論理式の導き方を理解しよう．

真理値表をもとに論理式に展開する方法には，主加法標準形と呼ばれる積和項式と主乗法標準形と呼ばれる和積項式がある．

ここでは，主加法標準形について述べる．

● **主加法標準形**

例として取り上げた以下の真理値表から主加法標準形の論理式を求める．

真理値表

入力			出力
A	B	C	f
0	0	0	1	→ $\overline{A}\cdot\overline{B}\cdot\overline{C}$
0	0	1	1	→ $\overline{A}\cdot\overline{B}\cdot C$
0	1	0	1	→ $\overline{A}\cdot B\cdot\overline{C}$
0	1	1	0	
1	0	0	1	→ $A\cdot\overline{B}\cdot\overline{C}$
1	0	1	0	
1	1	0	0	
1	1	1	0	

はじめに，真理値表で出力 f が 1 となる場合の入力に着目すると，入力 A，B，C の値が 000，001，010，100 のいずれかの値のときに f＝1 となる関数である．たとえば，A＝0，B＝0，C＝0 の場合に f＝1 とするためには，論理積の形で表現すると $\overline{A}\cdot\overline{B}\cdot\overline{C}$ となる．同様に，$\overline{A}\cdot\overline{B}\cdot C$，$\overline{A}\cdot B\cdot\overline{C}$，$A\cdot\overline{B}\cdot\overline{C}$ の場合も f＝1 となる．

したがって，出力 f は次のように表される．

　　　$f=\overline{A}\cdot\overline{B}\cdot\overline{C}+\overline{A}\cdot\overline{B}\cdot C+\overline{A}\cdot B\cdot\overline{C}+A\cdot\overline{B}\cdot\overline{C}$

この式が正しいことは，真理値表で示したすべての入力値を代入することにより確認できる．たとえば，この真理値表の 1 行目は次のようになる．

　　　$f=\overline{0}\cdot\overline{0}\cdot\overline{0}+\overline{0}\cdot\overline{0}\cdot 0+\overline{0}\cdot 0\cdot\overline{0}+0\cdot\overline{0}\cdot\overline{0}=1\cdot 1\cdot 1+1\cdot 1\cdot 0+1\cdot 0\cdot 1+0\cdot 1\cdot 1=1+0+0+0=1$

出力 f は論理積で表した各項に A，B，C の 3 変数（変数の否定も含め）がすべて含まれていて，これらを論理和の形で表した式である．このようなすべての変数を含んだ論理積の項を論理和の形で表した式を主加法標準形という．

例題 17　以下の真理値表は，入力の 1 の個数が奇数の場合に出力が 1 となることを表している．この真理値表から主加法標準形の論理式を求めよ．

真理値表

入力			出力
A	B	C	f
0	0	0	0
0	0	1	1
0	1	0	1
0	1	1	0
1	0	0	1
1	0	1	0
1	1	0	0
1	1	1	1

解答　$f=\overline{A}\cdot\overline{B}\cdot C+\overline{A}\cdot B\cdot\overline{C}+A\cdot\overline{B}\cdot\overline{C}+A\cdot B\cdot C$

ドリル No. 17　Class　　No.　　Name

問題 17.1 以下の真理値表から主加法標準形を求めよ．

真理値表

入力			出力
A	B	C	f
0	0	0	0
0	0	1	0
0	1	0	0
0	1	1	1
1	0	0	0
1	0	1	0
1	1	0	1
1	1	1	0

問題 17.2 以下の真理値表から主加法標準形を求めよ．

真理値表

入力			出力
A	B	C	f
0	0	0	1
0	0	1	0
0	1	0	0
0	1	1	1
1	0	0	0
1	0	1	1
1	1	0	0
1	1	1	0

問題 17.3 以下の真理値表から主加法標準形を求めよ．

真理値表

入力			出力
A	B	C	f
0	0	0	0
0	0	1	0
0	1	0	0
0	1	1	1
1	0	0	0
1	0	1	1
1	1	0	1
1	1	1	1

チェック項目	月　日	月　日
真理値表から主加法標準形の論理式を導くことができる．		

6. 組合せ回路　　6.2 真理値表から論理式の作成 II

> 真理値表から主乗法標準形の論理式の導き方を理解しよう．

● **主乗法標準形**

真理値表

入力			出力
A	B	C	f
0	0	0	1
0	0	1	1
0	1	0	1
0	1	1	0	→ $\bar{A}\cdot B\cdot C$
1	0	0	1
1	0	1	0	→ $A\cdot\bar{B}\cdot C$
1	1	0	0	→ $A\cdot B\cdot\bar{C}$
1	1	1	0	→ $A\cdot B\cdot C$

はじめに，真理値表で出力 f が 0，すなわち $\bar{f}=1$ となる場合に着目すると，入力 A，B，C の値が 011，101，110，111 のいずれかの値のときに $\bar{f}=1$ となる関数である．たとえば，A=0，B=1，C=1 の場合に $\bar{f}=1$ とするためには，論理積の形で表現すると $\bar{A}\cdot B\cdot C$ となる．同様に，$A\cdot\bar{B}\cdot C$，$A\cdot B\cdot\bar{C}$，$A\cdot B\cdot C$ の場合も $\bar{f}=1$ となる．

したがって，出力 $\bar{f}$ は次のように表される．

$$\bar{f}=\bar{A}\cdot B\cdot C+A\cdot\bar{B}\cdot C+A\cdot B\cdot\bar{C}+A\cdot B\cdot C$$

$$\therefore\ f=\overline{\bar{A}\cdot B\cdot C+A\cdot\bar{B}\cdot C+A\cdot B\cdot\bar{C}+A\cdot B\cdot C}=\overline{\bar{A}\cdot B\cdot C}\cdot\overline{A\cdot\bar{B}\cdot C}\cdot\overline{A\cdot B\cdot\bar{C}}\cdot\overline{A\cdot B\cdot C}$$

$$=(A+\bar{B}+\bar{C})\cdot(\bar{A}+B+\bar{C})\cdot(\bar{A}+\bar{B}+C)\cdot(\bar{A}+\bar{B}+\bar{C})$$

この式が正しいことは，真理値表のすべての入力の値を代入することで確認できる．たとえば，真理値表の 4 行目は次のようになる．

$$f=(0+\bar{1}+\bar{1})\cdot(\bar{0}+1+\bar{1})\cdot(\bar{0}+\bar{1}+1)\cdot(\bar{0}+\bar{1}+\bar{1})=0\cdot1\cdot1\cdot1=0$$

このように，出力 f は論理和で表した各項に A，B，C の 3 変数（変数の否定も含め）をすべて含み，これらを論理積の形で表した式である．このようにすべての変数を含んだ論理和の項を論理積の形で表した式を主乗法標準形という．

例題 18 次の真理値表は，入力の 1 の個数が奇数の場合に出力が 1 となる真理値表を表している．この真理値表から主乗法標準形の論理式を求めよ．

真理値表

入力			出力
A	B	C	f
0	0	0	0
0	0	1	1
0	1	0	1
0	1	1	0
1	0	0	1
1	0	1	0
1	1	0	0
1	1	1	1

解答　$\bar{f}=\bar{A}\cdot\bar{B}\cdot\bar{C}+\bar{A}\cdot B\cdot C+A\cdot\bar{B}\cdot C+A\cdot B\cdot\bar{C}$

$$\therefore\ f=\overline{\bar{A}\cdot\bar{B}\cdot\bar{C}+\bar{A}\cdot B\cdot C+A\cdot\bar{B}\cdot C+A\cdot B\cdot\bar{C}}=\overline{\bar{A}\cdot\bar{B}\cdot\bar{C}}\cdot\overline{\bar{A}\cdot B\cdot C}\cdot\overline{A\cdot\bar{B}\cdot C}\cdot\overline{A\cdot B\cdot\bar{C}}$$

$$=(A+B+C)\cdot(A+\bar{B}+\bar{C})\cdot(\bar{A}+B+\bar{C})\cdot(\bar{A}+\bar{B}+C)$$

ドリル No. 18　Class　　No.　　Name

問題 18.1 以下の真理値表から主乗法標準形を求めよ．

真理値表

入力			出力
A	B	C	f
0	0	0	0
0	0	1	0
0	1	0	0
0	1	1	1
1	0	0	0
1	0	1	0
1	1	0	1
1	1	1	0

$$f = (A+B+C)(A+B+\bar{C})(A+\bar{B}+C)(\bar{A}+B+C)(\bar{A}+B+\bar{C})(\bar{A}+\bar{B}+\bar{C})$$

問題 18.2 以下の真理値表から主乗法標準形を求めよ．

真理値表

入力			出力
A	B	C	f
0	0	0	1
0	0	1	0
0	1	0	0
0	1	1	1
1	0	0	0
1	0	1	1
1	1	0	0
1	1	1	0

$$f = (A+B+\bar{C})(A+\bar{B}+C)(\bar{A}+B+C)(\bar{A}+\bar{B}+C)(\bar{A}+\bar{B}+\bar{C})$$

チェック項目	月　日	月　日
真理値表から主乗法標準形の論理式を導くことができる．		

6. 組合せ回路　　6.3 カルノー図を用いた論理式の簡単化 I

2変数の論理式をカルノー図を用いて簡単化しよう．

主加法標準形や主乗法標準形の論理式をそのまま論理回路で実現すると，一般には冗長なゲートやそれに伴う配線が含まれる．そこで，すべての入出力関係を保ったままでできるだけ少ないゲート数を用いて論理回路を実現することを，論理回路の簡単化という．カルノー図（Karnaugh Map）は，論理回路の簡単化，すなわち論理関数の簡単化を図形的に求める方法である．図に示すように，変数を2つのグループに分けて行列を作る．2変数のカルノー図は 2^2 個のセルからなり，各セルはその変数の組み合わせに対する基本積に対応する．

A\B	0	1
0	$\overline{A}\cdot\overline{B}$	$\overline{A}\cdot B$
1	$A\cdot\overline{B}$	$A\cdot B$

● **簡単化の手順**

(1) 簡単化しようとする論理式の各項に対応するカルノー図のセルに "1" を記入する．
(2) その "1" を以下の要領にしたがってループで囲む．
　可能な限り行のセルの数，列のセルの数が2のべき乗で，かつ，最大のグループになるように囲む．隣り合わないセルや対角線上のセルの "1" はループで囲まない．また，ループは重複してもよい．2変数の場合は以下の手順となる．
(a) 4個でループになる "1" を囲む．
(b) 2個でループになる "1" を囲む．
(c) 1個でループになる "1" を囲む．
(3) 以下の手順で簡単化した式を求める．
(a) ループごとに変数の積で表された項を取り出す．その際，同じループの中で変数の値が "1" と "0" の両方の値をもつ変数は省略する．
(b) 変数の値が "0" のものはその変数の否定を取り出し，"1" のものはそのまま取り出して論理積の項を作る．
(c) これらの項の論理和をとると，簡単化した論理式が得られる．

例題 19 $f=A\cdot\overline{B}+\overline{A}\cdot B+A\cdot B$ を簡単化せよ．

カルノー図を作成し，手順に従って簡単化した式は次のように得られる．

A\B	0	1
0		1
1	1	1

解答 カルノー図で，$A=1$, $B=0$ に対応するセルは $A\cdot\overline{B}$ を表している．また，$A=1$, $B=1$ に対応するセルは $A\cdot B$ を表している．この両者をループで囲むことで，$A\cdot\overline{B}+A\cdot B=A\cdot(\overline{B}+B)=A$ と簡単化できる．同様に，$A=0$, $B=1$ に対応するセルは $\overline{A}\cdot B$ を表している．また，$A=1$, $B=1$ に対応するセルは，$A\cdot B$ を表している．ループは重複してもよいので，この両者をループで囲むことで，$\overline{A}\cdot B+A\cdot B=B\cdot(\overline{A}+A)=B$ と簡単化できる．

したがって，

$$f=A+B$$

が得られる．

ドリル No. 19   Class   No.   Name

問題 19.1 以下の論理式を簡単化せよ．
$$f = \overline{A} \cdot \overline{B} + \overline{A} \cdot B + A \cdot \overline{B}$$

問題 19.2 以下の論理式を簡単化せよ．
$$f = \overline{A} \cdot B + A \cdot \overline{B}$$

問題 19.3 以下の論理式を簡単化せよ．
$$f = \overline{A} \cdot \overline{B} + A \cdot \overline{B} + \overline{A} \cdot B + A \cdot B$$

チェック項目	月　日	月　日
２変数の論理式をカルノー図を用いて簡単化できる．		

6. 組合せ回路　　6.4　カルノー図を用いた論理式の簡単化 II

4変数の論理式をカルノー図を用いて簡単化しよう．

3変数と4変数に対するカルノー図を用いた論理式の簡単化について説明する．2変数の場合と同様に，変数を2つのグループに分けて行列を作る．3変数のカルノー図は2^3個のセル，また4変数のカルノー図2^4は個のセルからなり，各セルはその変数の組み合わせに対する基本積に対応する．

● **4変数の簡単化手順**

(1) 簡単化しようとする論理式の各項に対応するカルノー図のセルに"1"を記入する．
(2) その"1"を以下の要領でループで囲む．

可能な限り行のセルの数，列のセルの数が2のべき乗で，かつ，最大のグループになるように囲む．隣り合わないセルや対角線上のセルの"1"はループで囲まない．また，ループは重複してもよい．4変数の場合は以下の手順となる．

(a) 16個でループになる"1"を囲む．
(b) 8個でループになる"1"を囲む．
(c) 4個でループになる"1"を囲む．
(d) 2個でループになる"1"を囲む．
(e) 1個でループになる"1"を囲む．

(3) 以下の手順で簡単化した式を求める．

(a) ループごとに変数の積で表された項を取り出す．その際，同じループの中で変数の値が"1"と"0"の両方の値をもつ変数は省略する．
(b) 変数の値が"0"のものはその変数の否定を取り出し，"1"のものはそのまま取り出して論理積の項を作る．
(c) これらの項の論理和をとると，簡単化した論理式が得られる．

例題 20　$f = \overline{A}\cdot\overline{B}\cdot\overline{C}\cdot\overline{D} + \overline{A}\cdot\overline{B}\cdot\overline{C}\cdot D + \overline{A}\cdot\overline{B}\cdot C\cdot\overline{D} + \overline{A}\cdot\overline{B}\cdot C\cdot D + A\cdot B\cdot C\cdot\overline{D} + A\cdot B\cdot C\cdot D$ を簡単化せよ．

解答　以下に示したカルノー図で注意すべきことは，入力変数の各セルへの割当てに関して，たがいに隣り合う入力変数の組み合わせが常に1ビットだけ異なるように，かつ，全体としてそれらが互いにサイクリックになるように決めることである．AB，CDに関して，図示したように00，01，11，10と1ビット変化するように並べる．手順に従って簡単化された式は以下のように表される．

$$f = \overline{A}\cdot\overline{B} + A\cdot B\cdot C$$

AB\CD	00	01	11	10
00	1	1	1	1
01				
11			1	1
10				

ドリル No. 20	Class	No.	Name

問題 20.1 以下の論理式を簡単化せよ．

$$f = \overline{A} \cdot B \cdot C + A \cdot \overline{B} \cdot C + A \cdot B \cdot \overline{C} + A \cdot B \cdot C$$

問題 20.2 以下の論理式を簡単化せよ．

$$f = A \cdot B \cdot \overline{C} + A \cdot \overline{B} \cdot \overline{C} + A \cdot \overline{B} \cdot C + A \cdot B \cdot C$$

問題 20.3 以下の論理式を簡単化せよ．

$$f = \overline{A} \cdot \overline{B} \cdot \overline{C} \cdot \overline{D} + \overline{A} \cdot B \cdot C \cdot \overline{D} + A \cdot \overline{B} \cdot \overline{C} \cdot \overline{D} + A \cdot \overline{B} \cdot C \cdot \overline{D}$$

チェック項目	月 日	月 日
4変数の論理式をカルノー図を用いて簡単化できる．		

6. 組合せ回路　　6.5　論理回路の構成 I

真理値表から論理式，そして AND ゲート，OR ゲート，NOT ゲートを用いて論理回路を構成しよう．

一般に，真理値表から目的の論理回路までの流れは次のように表される．

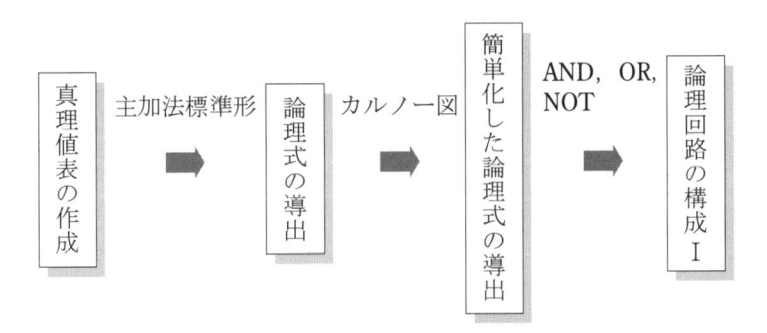

真理値表の作成 →(主加法標準形)→ 論理式の導出 →(カルノー図)→ 簡単化した論理式の導出 →(AND, OR, NOT)→ 論理回路の構成 I

例題 21　真理値表から論理回路を，以下の手順で AND ゲートと OR ゲートを用いて構成せよ．

真理値表

入力			出力
A	B	C	f
0	0	0	0
0	0	1	0
0	1	0	0
0	1	1	1
1	0	0	0
1	0	1	1
1	1	0	1
1	1	1	1

(1) 真理値表から論理式を導く．

　解答　$f = \overline{A} \cdot B \cdot C + A \cdot \overline{B} \cdot C + A \cdot B \cdot \overline{C} + A \cdot B \cdot C$

(2) カルノー図を用いて簡単化する．

解答

AB＼C	0	1
00		
01		1
11	1	1
10		1

(3) 簡単化した論理式を求める．

　解答　$f = A \cdot B + B \cdot C + C \cdot A$

(4) 論理回路を構成する．

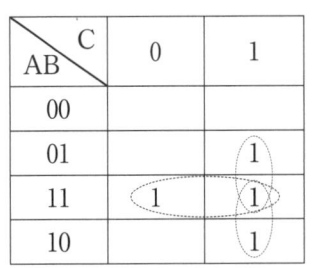

解答

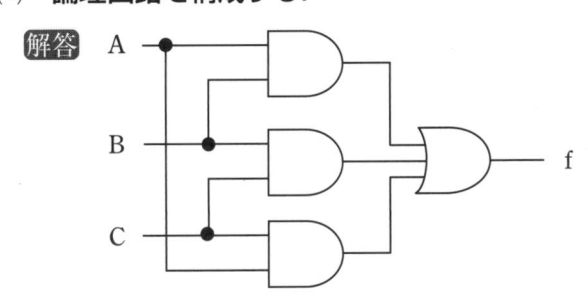

— 43 —

ドリル No.21　Class　　No.　　Name

問題 21 会長と社長と2人の副社長の計4人の役員が就職の面接を行い，会長と社長がともに賛成するか，または過半数の賛成があれば採用を内定するという．以下の手順でこの条件を満足する論理回路を構成せよ．

(1) 真理値表の作成

(2) 論理式の導出

(3) 論理式の簡単化

(4) 論理回路の構成

チェック項目	月　日	月　日
真理値表から論理式を導くことができ，さらに論理回路を ANDゲート，ORゲート，インバータを用いて構成できる．		

6. 組合せ回路　　6.6　論理回路の構成 II

論理回路を使用頻度の多い NAND ゲートを用いて構成しよう．

6.5 で求めた論理回路を NAND ゲートで構成する．

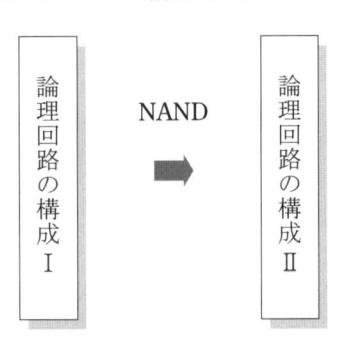

論理回路の構成 I　　NAND　⇒　論理回路の構成 II

例題 22 真理値表から，以下の手順で NAND ゲートだけで論理回路を構成せよ．

真理値表

入力			出力
A	B	C	f
0	0	0	0
0	0	1	0
0	1	0	0
0	1	1	1
1	0	0	0
1	0	1	1
1	1	0	1
1	1	1	1

(1) **論理式を導く．**

解答　$f = \overline{A} \cdot B \cdot C + A \cdot \overline{B} \cdot C + A \cdot B \cdot \overline{C} + A \cdot B \cdot C$

(2) **カルノー図を用いて簡単化する．**

解答

CD＼AB	0	1
00		
01		1
11	1	1
10		1

(3) **簡単化した論理式を求める．ド・モルガンの定理を用いて変形する．**

解答

$$f = A \cdot B + B \cdot C + C \cdot A = \overline{\overline{A \cdot B + B \cdot C + C \cdot A}} = \overline{\overline{A \cdot B} \cdot \overline{B \cdot C} \cdot \overline{C \cdot A}}$$

(4) **NAND ゲートで論理回路を構成する．**

解答

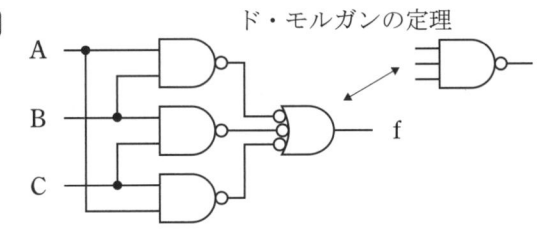

ドリル No. 22　Class　　No.　　Name

問題 22.1 $f = A \cdot B + C \cdot D + E$ を実現する論理回路を構成せよ．

問題 22.2 問題22.1の論理回路を NAND ゲートで構成せよ．

問題 22.3 $f = A + \overline{B} + C \cdot D$ を実現する論理回路を構成せよ．

問題 22.4 問題22.3の論理回路を NAND ゲートで構成せよ．

チェック項目	月　日	月　日
NAND ゲートだけで論理回路が構成できる．		

7. 代表的な組合せ回路　　7.1　エンコーダ

> コンピュータが理解できるように，10進数のデータを2進数に変換する回路がエンコーダである．

コンピュータでさまざまな処理をする場合，我々が日常使用している10進数のデータを何らかの方法で2進数のデータに変換する必要がある．このような目的で使われる組合せ回路をエンコーダ（encoder：符号器）という．エンコーダは，キーボードからの電気的な入力信号をコンピュータで用いられる2進符号に変換する回路である．

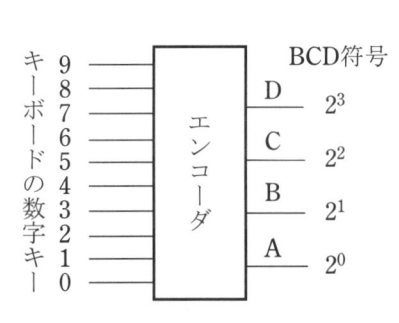

エンコーダの真理値表

入力	出力			
10進数	2進数			
	D	C	B	A
0	0	0	0	0
1	0	0	0	1
2	0	0	1	0
3	0	0	1	1
4	0	1	0	0
5	0	1	0	1
6	0	1	1	0
7	0	1	1	1
8	1	0	0	0
9	1	0	0	1

真理値表はエンコーダの0～9までの10進数入力に対して，2進数表現であるBCD符号（DCBA）が出力されることを示している．たとえば，キーボードの数字キー「9」が押されると，出力DとAがともに1，BとCがともに0となる．これは，出力Dは2^3，Aは2^0の重みをもっているからである．

例題23　真理値表をもとにエンコーダをゲート回路を用いて構成せよ．

解答

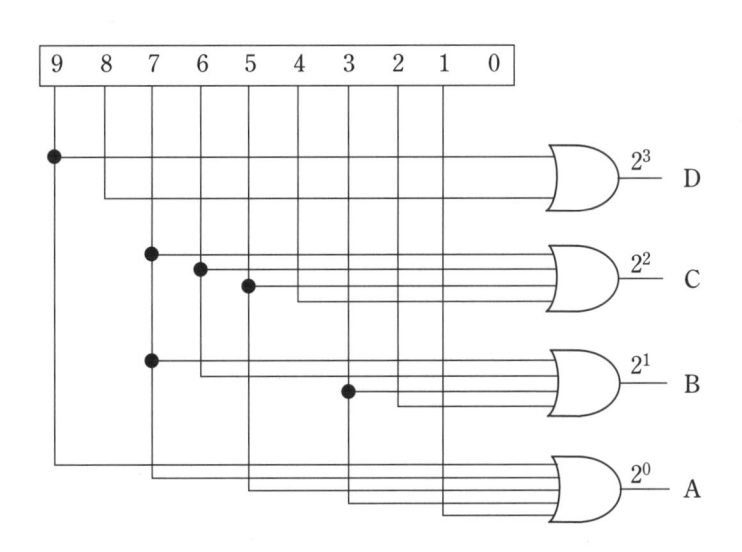

ドリル No. 23　Class　　No.　　Name

問題 23.1　10進数の0から3までを2進数に変換するエンコーダを構成せよ．

問題 23.2　10進数の0から7までを2進数に変換するエンコーダを構成せよ．

チェック項目	月　日	月　日
エンコーダの動作について説明できる．		

7. 代表的な組合せ回路　　7.2　デコーダ

2進符号を10進符号に変換する回路がデコーダである．

デコーダ（decoder）は，コンピュータで用いられた2進符号による情報を，我々にとって理解しやすい10進符号表現に変換する回路である．デコーダは，解読器または復号器とも呼ばれる．以下に2進－10進デコーダの真理値表を示す．たとえば，$(2^3, 2^2, 2^1, 2^0) = (0, 0, 1, 1)$のときは，値が0の$2^3$と$2^2$の入力信号をそれぞれ反転し，値が1の$2^1$と$2^0$とのANDをとり，出力3とすればよい．ゲート回路を用いたデコーダを以下に示す．

デコーダの真理値表

入力				出力									
D 2^3	C 2^2	B 2^1	A 2^0	0	1	2	3	4	5	6	7	8	9
0	0	0	0	1	0	0	0	0	0	0	0	0	0
0	0	0	1	0	1	0	0	0	0	0	0	0	0
0	0	1	0	0	0	1	0	0	0	0	0	0	0
0	0	1	1	0	0	0	1	0	0	0	0	0	0
0	1	0	0	0	0	0	0	1	0	0	0	0	0
0	1	0	1	0	0	0	0	0	1	0	0	0	0
0	1	1	0	0	0	0	0	0	0	1	0	0	0
0	1	1	1	0	0	0	0	0	0	0	1	0	0
1	0	0	0	0	0	0	0	0	0	0	0	1	0
1	0	0	1	0	0	0	0	0	0	0	0	0	1

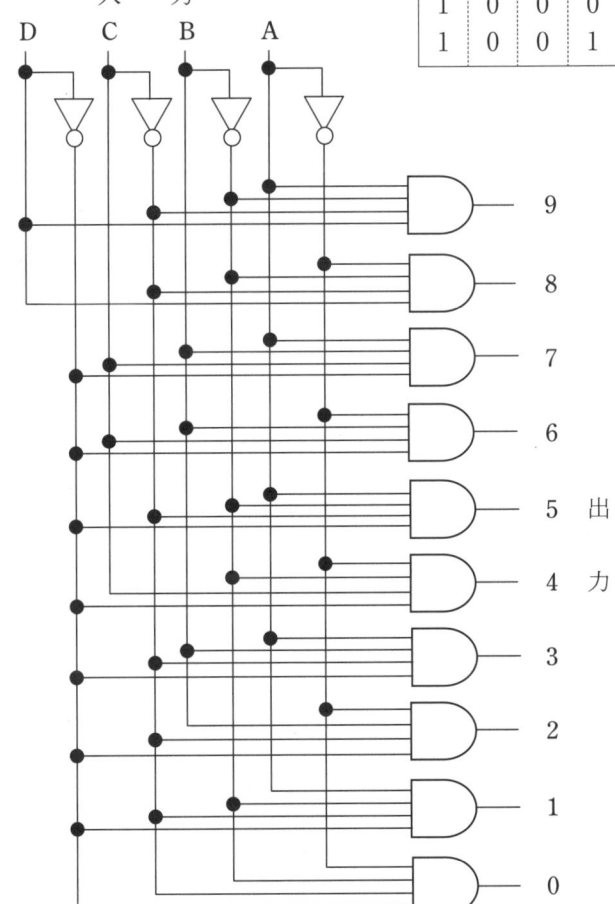

ドリル No. 24　　Class　　　No.　　　　Name

問題 24.1　2ビットの2進数を10進数の0から3に変換するデコーダを構成せよ．

問題 24.2　3ビットの2進数を10進数の0から7に変換するデコーダを構成せよ．

チェック項目	月　日	月　日
デコーダの動作について説明できる．		

7. 代表的な組合せ回路　　7.3　マルチプレクサ

複数の入力から1つを選び，それを出力する回路がマルチプレクサである．

マルチプレクサ（multiplexer）は，複数の入力から1つを選んでそれを出力する回路である．そのような意味で，データセレクタ（data selector）とも呼ばれる．制御信号に加えられる値によって選ばれる入力が決定される．

例題 25　4入力1出力のマルチプレクサの真理値表とブロック図を以下に示す．この真理値表をもとに，論理回路を構成せよ．

真理値表

制御信号		出力
S_1	S_0	
0	0	0
0	1	1
1	0	2
1	1	3

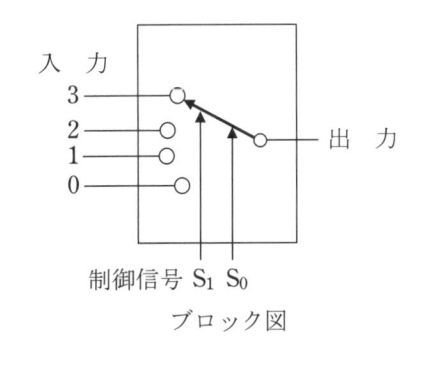

ブロック図

解答

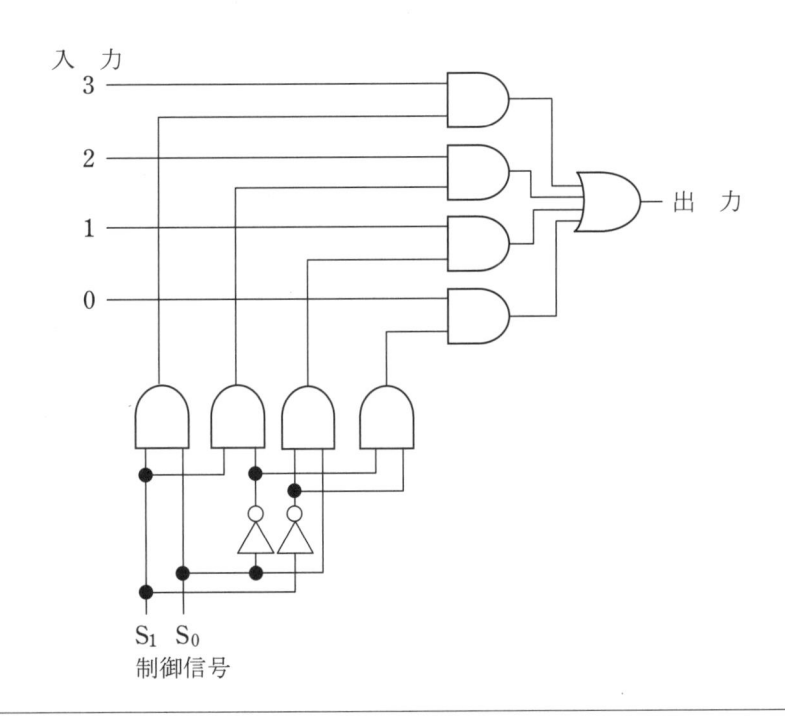

ドリル No.25　Class　　No.　　Name

問題　25.1　2入力1出力のマルチプレクサのブロック図と真理値表を以下に示す．この真理値表をもとに論理式を求めよ．また，論理回路を構成せよ．

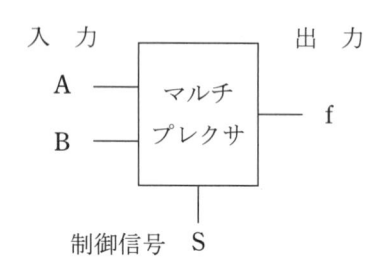

制御信号	出力
S	f
0	A
1	B

問題　25.2　以下の回路について，その動作を説明せよ．

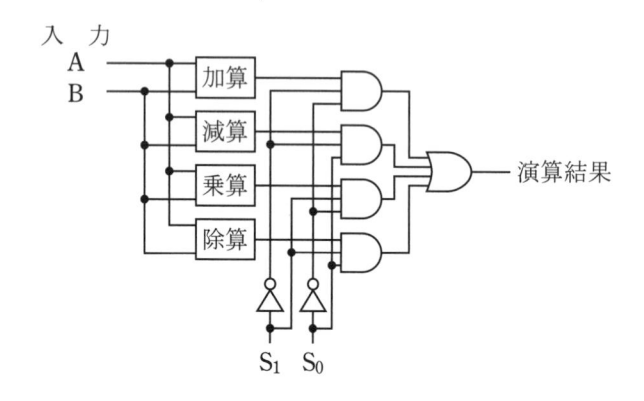

チェック項目	月　日	月　日
マルチプレクサの動作を説明できる．		

7. 代表的な組合せ回路　　7.4　デマルチプレクサ

1本の入力を複数ある出力のいずれかに振り分ける回路がデマルチプレクサである．

デマルチプレクサ（demultiplexer）は，マルチプレクサとは逆に，1本の入力を複数の出力のいずれかに振り分ける回路である．

例題 26　1入力4出力のデマルチプレクサの真理値表とブロック図を以下に示す．この真理値表をもとに論理回路を構成せよ．

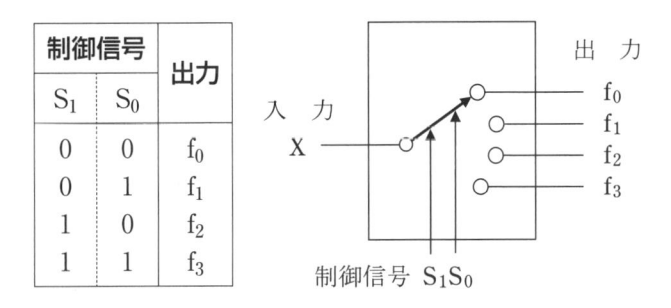

制御信号		出力
S_1	S_0	
0	0	f_0
0	1	f_1
1	0	f_2
1	1	f_3

解答
デマルチプレクサでは，制御信号は出力を選択するために用いる．この例では，S_1, S_0 の組合せ 00, 01, 10, 11 により出力を選択する．したがって，出力関数は以下のようになる．

$$f_0 = \overline{S_1} \cdot \overline{S_0} \cdot X$$
$$f_1 = \overline{S_1} \cdot S_0 \cdot X$$
$$f_2 = S_1 \cdot \overline{S_0} \cdot X$$
$$f_3 = S_1 \cdot S_0 \cdot X$$

となる．これらから，1入力4出力のデマルチプレクサの回路は図のように表される．

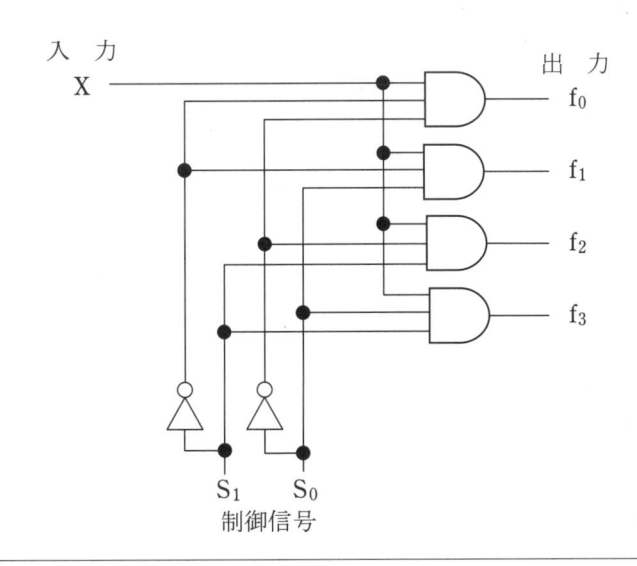

— 53 —

ドリル No. 26 　 Class 　　 No. 　　　 Name

問題 26.1 1入力2出力のデマルチプレクサを構成せよ．

問題 26.2 1入力8出力のデマルチプレクサを構成せよ．

チェック項目	月　日	月　日
デマルチプレクサの動作を説明できる．		

7. 代表的な組合せ回路　　7.5　比較回路

2つの入力の値を比較し，大小に応じて出力が決定される回路が比較回路である．

AとBの値の一致・不一致を判断する比較回路（コンパレータ：comparator）を考える．

2つの入力A，Bの大小に対して，入力AとBが同じ値のとき出力fが1になる回路を一致回路という．すなわち，

$$\begin{cases} A=B \text{のとき } f=1 \\ A \neq B \text{のとき } f=0 \end{cases}$$

となる．この条件を真理値表で表す．

真理値表

入力		出力
A	B	f
0	0	1
0	1	0
1	0	0
1	1	1

真理値表から，$f=\overline{A}\cdot\overline{B}+A\cdot B$ となり，論理回路は次のようになる．

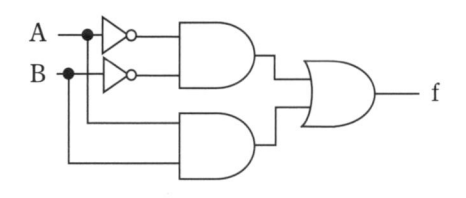

例題 27 一致回路をNANDゲートだけで構成せよ．

解答

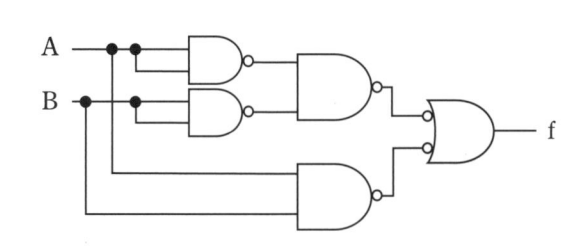

― 55 ―

ドリル No. 27　Class　　No.　　Name

問題 27.1　下図に示す大小関係を考慮した比較回路を構成せよ．

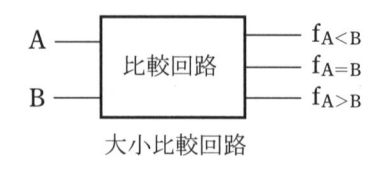

```
A ─┐ ┌─────┐ ── f_{A<B}
   │ │比較回路│ ── f_{A=B}
B ─┘ └─────┘ ── f_{A>B}
      大小比較回路
```

問題 27.2　2ビットのデータ $A = (A_1, A_0)$，$B = (B_1, B_0)$ の大小を比較する比較回路を構成せよ．

チェック項目	月　日	月　日
比較回路について説明できる．		

7. 代表的な組合せ回路　　7.6　誤り検出回路

> データに含まれる1の個数が奇数または偶数になるように1ビット追加し，データ転送の誤りをチェックする方法がパリティチェックである．

　データ通信においては，通信途中にノイズが入ってデータが誤りを起こすことが考えられる．このような誤りを検出する方法にパリティチェックがある．パリティチェックは，データにパリティビットと呼ばれる1ビットの検査用ビットを付加して，ビット列の1の個数を調べることで誤りを検出する方式である．パリティビットを付加する際に，ビット列に含まれる1の個数を偶数にする方式を偶数パリティチェック，奇数にする方式を奇数パリティチェックという．

　偶数パリティチェックを例にとり，誤り検出の方法を示す．図において，送信側のデータ「001」に含まれる1の個数は1個（奇数）なので，パリティビットに1を付加し，1の個数を偶数にする．このデータが受信側ではパリティビットを含めると「1011」で，1の個数は3個（奇数）である．この結果，通信途中で1ビットの誤りが発生したと考える．もし，この誤りが一時的な誤りであれば，再度送信を行うことで正しく伝送される．

　パリティチェックは，データに1ビットのパリティビットを付加することで，1ビット（正確には奇数個）の誤りに対して検出が可能である．

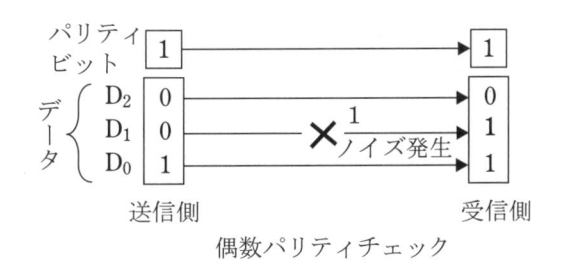

偶数パリティチェック

例題 28　上図の偶数パリティチェックにおいて，パリティビットを作り出す回路（パリティジェネレータ）を構成せよ．

解答　データを入力として付加すべきパリティビットを出力とする回路は，データに含まれる1の個数が偶数であれば出力を0に，奇数であれば出力を1とする構成である．これは，排他的論理和を用いて次のように構成できる．

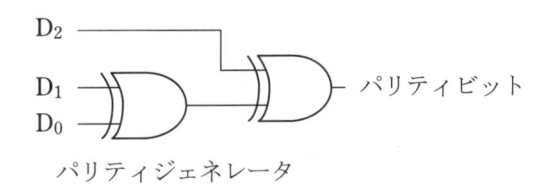

パリティジェネレータ

ドリル No. 28　　Class　　　No.　　　　Name

問題 28.1　7ビットのデータにパリティビットを付加する場合のパリティジェネレータの回路を構成せよ．ただし，偶数パリティチェックとする．

問題 28.2　データを7ビットとして，偶数パリティチェック回路を構成せよ．

チェック項目	月　日	月　日
パリティチェックについて説明できる．		

7. 代表的な組合せ回路　　7.7　誤り訂正符号

> 誤り訂正符号とは，データの誤りに対して検出・訂正できる符号のことである．

パリティチェックは1ビットの誤りを検出することはできるが，正しいデータに戻すことはできない．誤り訂正符号は，データの誤りを検出・訂正できる符号で，代表的なものにハミングコードがある．ハミングコードは1ビットの誤りを訂正でき，2ビットの誤り検出ができる．

ハミングコードでは，データのほかに検査ビットが付加される．たとえば，データが4ビットの場合，検査ビットは3ビットで合計7ビット必要になる．

ハミングコード

10進数	P_1	P_2	D_3	P_4	D_5	D_6	D_7	10進数	P_1	P_2	D_3	P_4	D_5	D_6	D_7
0	0	0	0	0	0	0	0	8	1	1	1	0	0	0	0
1	1	1	0	1	0	0	1	9	0	0	1	1	0	0	1
2	0	1	0	1	0	1	0	10	1	0	1	1	0	1	0
3	1	0	0	0	0	1	1	11	0	1	1	0	0	1	1
4	1	0	0	1	1	0	0	12	0	1	1	1	1	0	0
5	0	1	0	1	1	0	1	13	1	0	1	0	1	0	1
6	1	1	0	0	1	1	0	14	0	0	1	0	1	1	0
7	0	0	0	1	1	1	1	15	1	1	1	1	1	1	1

ハミングコードで，D_3, D_5, D_6, D_7 はデータビット，P_1, P_2, P_4 は誤り訂正のために付加された検査ビットである．このハミングコードは以下の式を満足するように検査ビットに1と0が割り当てられている．

$$\begin{cases} P_1 + D_3 + D_5 + D_7 \underset{\text{mod}2}{=} q_1 \\ P_2 + D_3 + D_6 + D_7 \underset{\text{mod}2}{=} q_2 \\ P_4 + D_5 + D_6 + D_7 \underset{\text{mod}2}{=} q_4 \end{cases}$$

この式でmod2はモジュロ演算を表し，左辺のビットの合計を2で割った余りが右辺となる．すなわち，左辺の1の個数が偶数であれば0，一方，奇数であれば1となる．

正しいハミングコードでは，q_1, q_2, q_4 がすべて0となる．誤りがある場合，その位置は $q_4 q_2 q_1$ なる2進数で示されたビットである．

例題 29　10進数の7（0001111）を送信し，受信側では0001101となった．誤りを訂正せよ．

解答　$(P_1 P_2 D_3 P_4 D_5 D_6 D_7) = (0001101)$ であるから上の式に代入した結果，$q_4 q_2 q_1 = 110 = 6_{10}$ となり D_6 に誤りが発生したことが分かる．正しいデータに戻すにはそのビットを反転すればよい．

ドリル No. 29　Class　　No.　　Name

問題　29.1　ハミングコードで 0000111 は正しいか．誤りであれば訂正せよ．

問題　29.2　ハミングコードで 1010001 は正しいか．誤りであれば訂正せよ．

問題　29.3　ハミング距離とは何か，説明せよ．

チェック項目	月　日	月　日
誤り訂正符号について説明できる．		

8. 2進演算と算術演算回路　　8.1　2進加算

> 2進数の加算と半加算器，全加算器について理解する．

2進数の0と1の加算だけで基本的にすべての演算が実行できるのがコンピュータである．2進数の1桁は1と0で表されるので，1ビットの加算は次の3通りだけである（0+1と1+0は同じ）．

```
   0     1     1
  +0    +0    +1
  ──    ──    ──
   0     1    10
```

最後の1+1は桁上げが生じて結果は10となる．1が桁上げ，和が0である．2進数1桁の加算結果を真理値表に示す．この表に示す加算は，半加算器（Half Adder）を用いて構成できる．半加算器は，ANDゲートとXORゲートを用いて構成できる．

2進数1桁の加算の真理値表

入力		出力	
		桁上げ出力	和
A	B	C	S
0	0	0	0
0	1	0	1
1	0	0	1
1	1	1	0

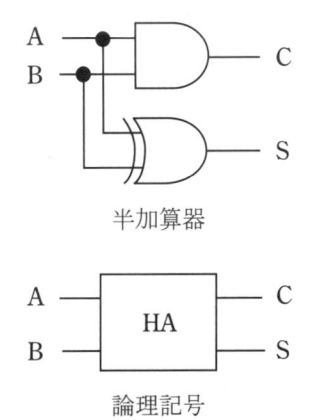

半加算器

論理記号

整数の加算では，2^0の重み以外のすべての桁で3入力加算を必要とする．このような加算を実行するのが全加算器（Full Adder）である．

全加算器の真理値表

入力			出力	
		桁上げ入力	桁上げ出力	和
A	B	C_{-1}	C	S
0	0	0	0	0
0	0	1	0	1
0	1	0	0	1
0	1	1	1	0
1	0	0	0	1
1	0	1	1	0
1	1	0	1	0
1	1	1	1	1

ドリル No.30　Class　　No.　　Name

問題 30.1　全加算器の真理値表から桁上げ出力 C と和 S の論理式を導け．

問題 30.2　以下の 2 進加算を行え．

(1)　　101
　　＋ 10
　―――

(2)　　1001
　　＋ 101
　―――

(3)　　1110
　　＋ 10
　―――

問題 30.3　半加算器はどのようなゲートで構成できるか．

問題 30.4　下図の半加算器において，図示した入力パルス列に対する和出力 S と桁上げ出力 C を求めよ．

チェック項目	月　日	月　日
半加算器，全加算器について説明できる．		

8. 2進演算と算術演算回路　　8.2　2進減算

> 2進数の減算は補数を用いることで加算として扱える.

2進数1ビットの減算には，0−0，1−0，1−1，0−1の4通りがある.

コンピュータでは負数の表現に2の補数が用いられる．たとえば，10進数の15−7の減算は15+(−7)の加算として以下の手順で行われる．ここでは，5ビットで表現する．

(1) 減数を2の補数表示とする．

10進数の7は2進数では00111．したがって，−7は2進数では00111の2の補数で表される．これは各ビットを反転し1を加えて求められるので，

$$11000+1=11001$$

となる．これが10進数の −7 を表している．

(2) 被減数に減数の2の補数を加える．

10進数で15は2進数では01111である．したがって，

$$01111+11001=(1)01000$$

(3) オーバーフローを無視する．

演算は5ビットを対象としているので，5ビットを超えた数値は無視する．よって，答えは

$$01000_2 = 8_{10}$$

となる．

例題 31.1　2進数 01111−00101 を2の補数を用いて求めよ．

解答

(1) 減数 00101 を2の補数表示とする．

　　00101　→　各ビットを反転し +1　→　11010+1=11011

(2) 被減数 01111 に減数の2の補数 11011 を加える．

$$01111+11011=(1)01010$$

(3) オーバーフロー (1) を無視する．

　　01010

例題 31.2　2進数 0101−0111 を2の補数を用いて求めよ．

(1) 減数 0111 を2の補数表示とする．

　　0111　→　各ビットを反転し +1　→　1000+1=1001

(2) 被減数 0101 に減数の2の補数 1001 を加える．

$$0101+1001=1110$$

(3) オーバーフローを無視する．

この減算ではオーバーフローは発生しないので，結果は負となることを表している．したがって，2の補数で表現される．10進数ではいくつかというと，まず1110の各ビットを反転して1を加えて $0001+1=0010_2=2_{10}$ とし，答えは負号を付けて −2 となる．

ドリル No. 31　Class　　No.　　Name

問題 31.1 10進数の −100 を 8 ビットの 2 の補数で表現せよ．

問題 31.2 以下の 2 進数の減算を 2 の補数を用いて行え．
01011−01001

問題 31.3 以下の 2 進数の減算を 2 の補数を用いて行え．
01111−01000

問題 31.4 以下の 2 進数の減算を 2 の補数を用いて行え．
01101−00110

問題 31.5 以下の 2 進数の減算を 2 の補数を用いて行え．
00110−01101

問題 31.6 以下の 10 進数の減算を 10 の補数を用いて行え．
100−45

チェック項目	月　日	月　日
2進数減算が補数を用いて加算で行えることを説明できる．		

8.2進演算と算術演算回路 　　8.3 並列加算器

すべてのビットを同時に加算するのが並列加算器である.

コンピュータでの加算方式として，すべてのビットを同時に加算する並列加算器（parallel adder）と 2^0 の桁（LSB）から最上位桁（MSB）に向かって順次加算する直列加算器（serial adder）がある.

直列加算は，加算するビット数分のクロックパルスを必要とするため，ビット数の増加とともにかなりの時間を要する．一方，加算の高速化を図る方法として，すべてのビットを同時に加算する並列加算器が用いられる．この方法では，ビット数分の全加算器を必要とするのでハードウェア量は増加するが，桁上げ出力を次の上位ビットの全加算器の桁上げ入力に加えるだけですむので，直列加算器と比較して大幅に高速化が図れる．

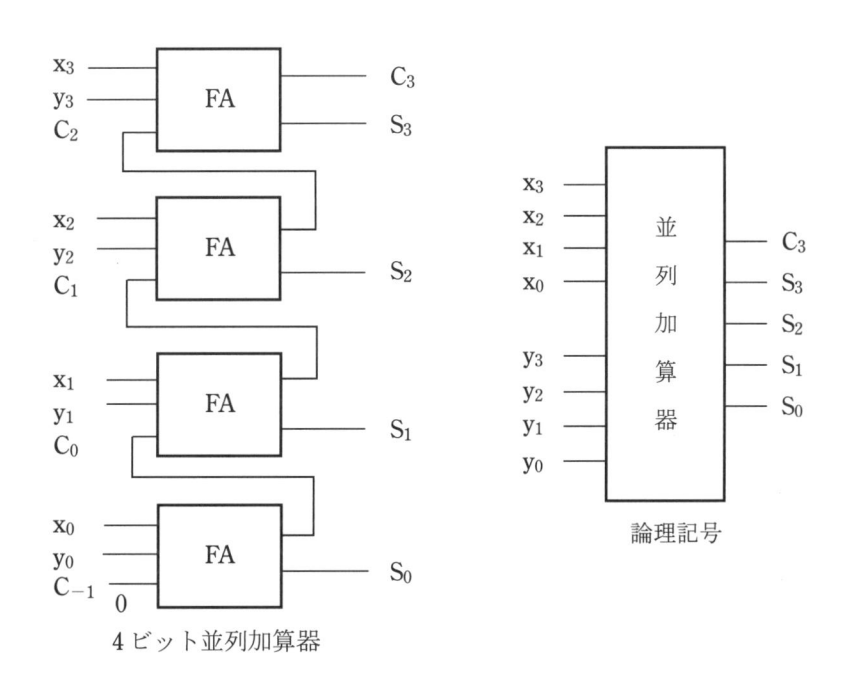

4ビット並列加算器

論理記号

ここでは，4個とも全加算器を用いる．和 S_0 を求めるLSBの加算には下位からの桁上げを考える必要がないので，C_{-1} はあらかじめ0にしておく．したがって，LSBの加算には半加算器を用いることもできる．また，最上位ビット（MSB）の加算結果による桁上げ出力 C_3 はオーバフローのとき1となる．

例題 32 上記の並列加算器で，$x_3=x_2=x_1=x_0=1$, $y_3=y_2=y_1=y_0=1$ の場合の加算結果を求めよ．

[解答]

$x_3x_2x_1x_0$	1111
$+y_3y_2y_1y_0$	$+1111$
$C_3S_3S_2S_1S_0$	11110

ドリル No.32　Class　　　No.　　　　Name

問題 32.1　4ビットの並列加算器では，ある桁の加算をHA（半加算器）で置き換えることができる．その桁はどこか．

問題 32.2　4ビット並列加算器で2進数0101と0101の加算結果を求めよ．

問題 32.3　8ビットの並列加算器をすべてFAで構成する場合，必要なFAの個数を求めよ．

問題 32.4　8ビットの並列加算器で2進数10011000と10101110の加算結果を求めよ．

問題 32.5　2ビットの並列加算器を構成せよ．

チェック項目	月　日	月　日
並列加算器の構成と動作を説明できる．		

8.2進演算と算術演算回路　　8.4 加算器を用いた減算

減算器が全加算器とインバータで構成できることを理解する．

2進数の減算は，減数の2の補数を取り，それを被減数に加算することにより実現できることをすでに述べた．また，2の補数は，減数の各ビットを反転し，LSBに1を加えることで得られる．ビット反転はインバータを用い，また，LSBに1を加える操作は2^0の桁の加算に全加算器を用いて桁上げ入力C_{-1}に1をセットすることで実現できる．

4ビット並列減算器では，被減数$x_3x_2x_1x_0$から減数$y_3y_2y_1y_0$が引かれ，減算結果が$D_3D_2D_1D_0$に得られる．

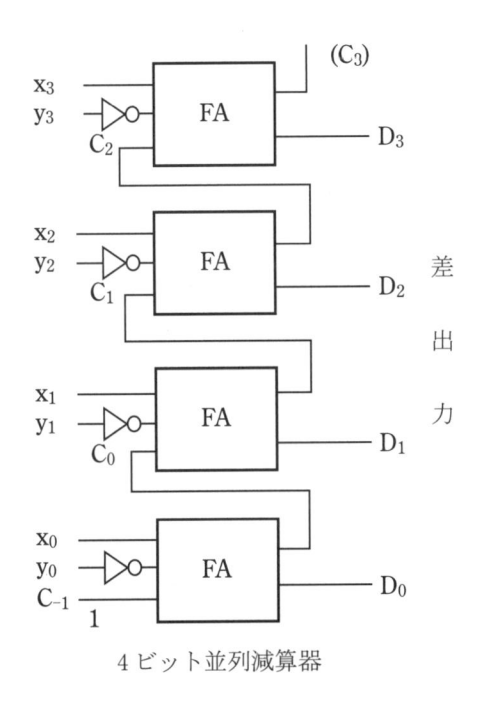

4ビット並列減算器

減数$y_3y_2y_1y_0$はインバータを通して$x_3x_2x_1x_0$と加算される．しかも，2^0のFAのC_{-1}を1とすることで2の補数表現を用いた加算を行っている．

例題 33　4ビット並列加算器を4ビット並列減算器に変更する際の，構成上の違いを述べよ．

解答　減算は被減数と2の補数を用いた減数との加算で実現できる．2の補数を求めるためのインバータと，1を加算するために2^0の桁にFAを用いてC_{-1}に1（High）を入力することで実現できる．また，C_3は減算結果に無関係である．

ドリル No. 33   Class   No.   Name

問題 33.1 全加算器と排他的論理和を用いて4ビット並列加減算器を構成せよ．

問題 33.2 問題33.1でXORのモード制御入力が0の場合に加算，1の場合に減算となることを説明せよ．

チェック項目	月　日	月　日
全加算器とインバータを用いて減算器を構成できる．		

9. 情報を記憶する順序回路　　9.1　順序回路とは

> 内部に記憶回路をもち，過去の入力と現在の入力によって出力が決定される回路を順序回路という．

　コンピュータを構成する回路には，現在の入力によってのみ出力が決定される組合せ回路のほかに，現在の入力と現在までの入力系列の両方に出力が依存する順序回路がある．

　順序回路は，一般に記憶回路と組合せ回路から構成される．たとえば，自動販売機は品物の値段と同じかそれよりも多くのお金を投入しないと品物は出てこない．すなわち，自動販売機はいくら入っているかを記憶している必要がある．すでに投入された金額は内部状態として記憶されていて，その金額とこれから入れるお金との合計が品物の代金以上であれば商品が出てくる．また，必要であればおつりも出てくる．このように，回路が内部状態をもち，出力が入力のみでなくその内部状態に依存して決定される回路を順序回路と呼ぶ．

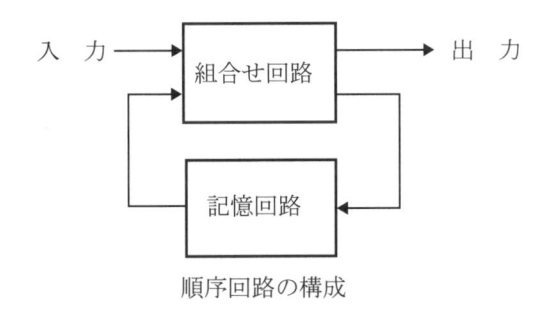

順序回路の構成

例題 34　100円硬貨と50円硬貨を使って，200円の品物と必要ならばおつりが出る自動販売機の状態遷移図を作成せよ．ただし，お金は同時に2枚以上入れることはできないものとする．

解答　状態遷移図で，0（円）は現在の内部状態，入力/出力はお金を入れたか否かが入力，品物が出たか，おつりがあるかを出力としている．

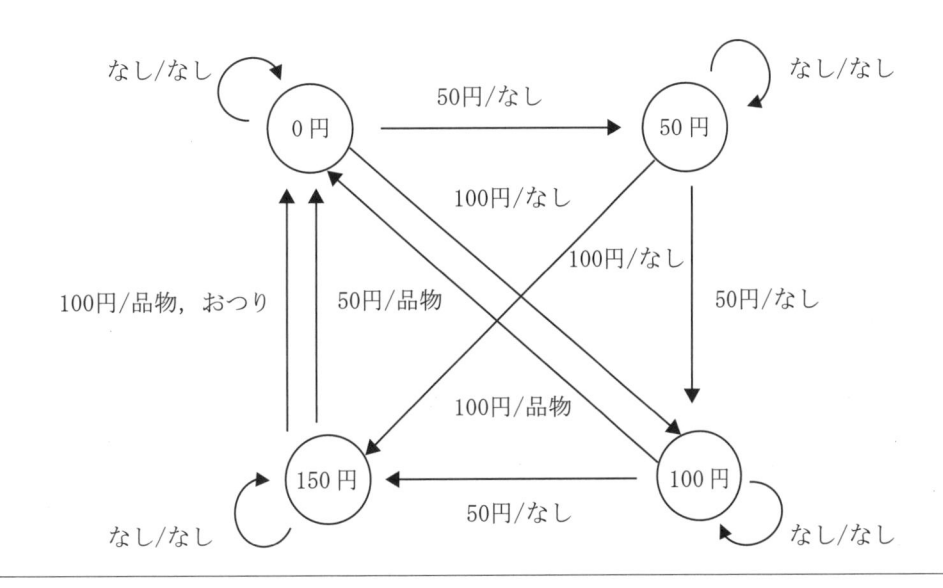

ドリル No.34　Class　　　No.　　　　Name

問題 34.1　例題 34 の状態遷移図から，状態割当てを行った状態遷移表を作成せよ．

問題 34.2　問題 34.1 をもとに，状態遷移図を作成せよ．

チェック項目	月　日	月　日
状態遷移図と状態遷移表を作成できる．		

9. 情報を記憶する順序回路　　9.2 RSフリップフロップ

1ビットのデータを記憶する最も基本的な回路がRSフリップフロップである．

NORゲートを用いたRSフリップフロップを示す．一方のNORゲートの出力をもう一方のNORゲートの入力としている．ここで，Rはリセット入力，Sはセット入力である．また，Qは出力，$\overline{Q}$はQの反転出力を表す．

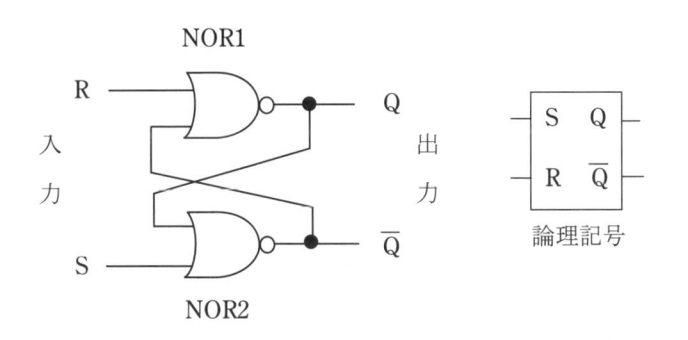

初期状態としてQ=0，$\overline{Q}$=1とする．$\overline{Q}$=1なので，この値がNOR1の一方の入力値となる．したがって，NOR1の出力はQ=0となる．初期状態において，Q=0としたので出力に変化は生じない．また，このQはNOR2の入力の一方に接続されている．したがって，出力$\overline{Q}$はもう一方の入力Sの値に依存する．この動作を示す状態遷移表は以下の通りである．

状態遷移表

入力		出力	
R	S	Q	$\overline{Q}$
0	0	保持	
0	1	1	0（セット）
1	0	0	1（リセット）
1	1	0	0（不定）

例題 35.1 RSフリップフロップで，R=0，S=0の場合の出力Q，$\overline{Q}$を求めよ．初期状態として，Q=0，$\overline{Q}$=1とする．

解答 Qは$\overline{Q}$=1とR=0とのNORであるから，Qは0のままである．一方，$\overline{Q}$はQ=0とS=0から1のままで初期状態を保持する．

例題 35.2 RSフリップフロップで，R=0，S=1の場合の出力Q，$\overline{Q}$を求めよ．初期状態として，Q=0，$\overline{Q}$=1とする．

解答 初期状態Q=0，$\overline{Q}$=1とR=0から（1）と同様にQ=0となる．しかし，S=1なので$\overline{Q}$は1から0に変化する．この$\overline{Q}$=0がNOR1の一方の入力となる．また，もう一方の入力Rも0なので出力Qは1に変化する．この変化がNOR2の入力に伝わるが，S=1であることから$\overline{Q}$=0のままで安定状態となる．Q=1，$\overline{Q}$=0となる状態をセット状態という．

ドリル No. 35　　Class　　　No.　　　　Name

問題 35.1 RSフリップフロップで，R=1，S=0の場合の出力Q，$\overline{Q}$を求めよ．初期状態として，Q=0，$\overline{Q}$=1とする．

問題 35.2 RSフリップフロップで，R=1，S=1の場合の出力Q，$\overline{Q}$を求めよ．初期状態として，Q=0，$\overline{Q}$=1とする．

問題 35.3 RSフリップフロップをNANDゲートで構成せよ．

チェック項目	月　日	月　日
RSフリップフロップの構成と動作を説明できる．		

9. 情報を記憶する順序回路　　9.3　RSTフリップフロップ

> RSTフリップフロップは，RSフリップフロップにクロックが加わったフリップフロップで，クロックに同期して出力が変化する．

RSフリップフロップの変形として，出力がクロックパルスに同期して変化するようにしたものがRSTフリップフロップ（同期式RSフリップフロップ）である．このTがクロックパルスを意味する．RSTフリップフロップは，NANDゲートを用いたRSフリップフロップの入力側にNANDゲートを追加した構成である．したがって，入力信号は正論理となり，S＝1，R＝0でセット，R＝1，S＝0でリセットをそれぞれ表す．RSフリップフロップの場合と同様に，S＝1，R＝1のときを不定，または禁止という．

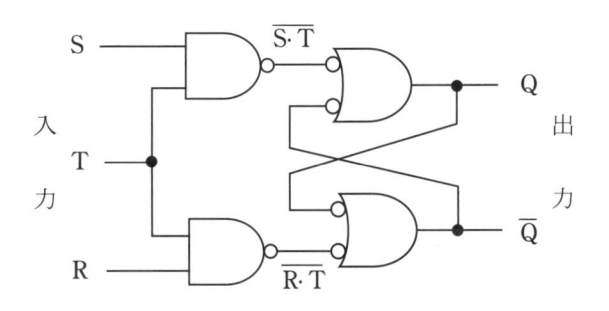

状態遷移表

入力			出力	
S	R	T	Q	$\bar{Q}$
0	0		保持	
1	0	↑	1	0（セット）
0	1	[1]	0	1（リセット）
1	1		1	1（不定）

RSTフリップフロップの動作を説明する．

(1) T＝0の場合

図の $\overline{S\cdot T}$ はSの値にかかわらず1，$\overline{R\cdot T}$ も1となる．これは，NANDゲートを用いたRSフリップフロップにおいて，$\bar{S}=1$ かつ $\bar{R}=1$ のときに同じで，前の状態が保持される．

(2) T＝1の場合

図の $\overline{S\cdot T}$ は $\bar{S}$，また，$\overline{R\cdot T}$ は $\bar{R}$ となる．これ以降の動作はRSフリップフロップそのものである．ただし，このフリップフロップの入力は $\bar{S}$ と $\bar{R}$ ではなく，真理値表に示したSとRである．ここでは，クロックパルスの立上がりで出力が得られるポジティブエッジトリガ方式を示している．

次に，RSTフリップフロップに入力信号を加えた時の出力波形を，タイムチャートで示す．

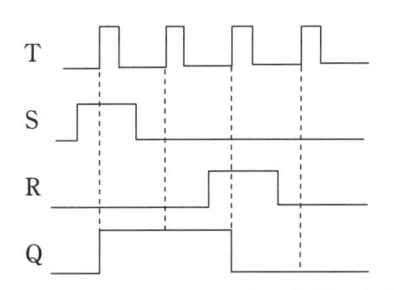

ドリル No. 36　Class　　No.　　Name

問題 36.1　RSTフリップフロップは入力S, Rがともに1であるときにクロックTが1になると出力はQ, $\overline{Q}$ともに1となり，この状態を不定または禁止としている．図はRSTフリップフロップを改良し，S, Rともに1であってもQ=1, $\overline{Q}$=0となるセット優先RSTフリップフロップである．この回路の動作を説明せよ．

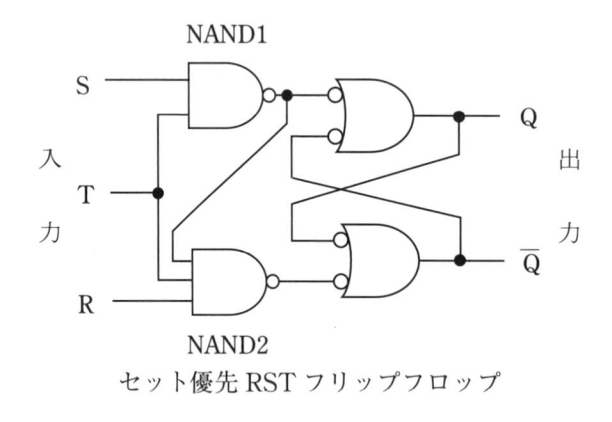

セット優先RSTフリップフロップ

問題 36.2　RSTフリップフロップとANDゲートを用いた以下の回路について，タイムチャートを完成させよ．ここで，クロックTのパルス幅は十分に短く，その立ち上がり時のみRSTフリップフロップの出力に影響するものと仮定する．

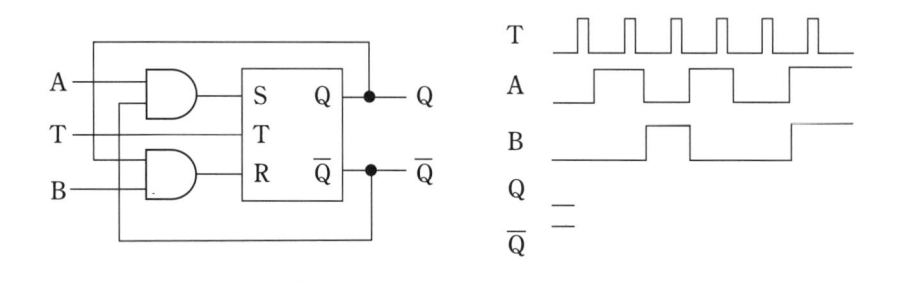

チェック項目	月　日	月　日
RSTフリップフロップの構成と動作を説明できる．		

9. 情報を記憶する順序回路　　9.4 Dフリップフロップ

> クロックパルスの立上がり時におけるデータ入力の値を出力し，次のクロックパルスの立上がり時までその出力値を保持するのがDフリップフロップである．

Dフリップフロップの論理記号と状態遷移表を以下に示す．

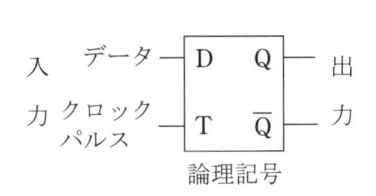

論理記号

状態遷移表

入力		出力	
D	T	Q	$\overline{Q}$
0	↑	0	1
1	↑	1	0

タイムチャートを用いてDフリップフロップの入出力の関係を示す．Dフリップフロップは，図からわかるように出力では入力データを最大で1クロックパルス分遅らせることから，Delayフリップフロップとも呼ばれる．また，Dフリップフロップにプリセット入力（PR）とクリア入力（CLR）を加えて表される場合もある．

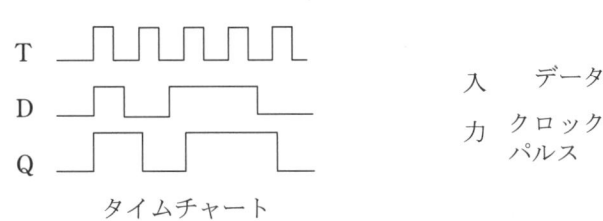

タイムチャート

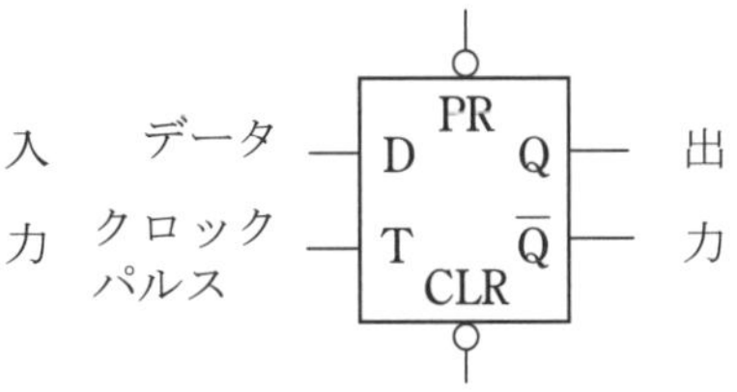

Dフリップフロップの論理記号（PR，CLR付加）

プリセット入力，クリア入力とも丸印があることからどちらも active low，すなわち論理0で活性化される．たとえば，PR＝0，CLR＝1とすれば入力データに関係なく常にQ＝1，$\overline{Q}$＝0のセット状態となる．反対に，CLR＝0，PR＝1とすればQ＝0，$\overline{Q}$＝1のリセット状態となる．したがって，クロックパルスに同期させて入力データを出力する方法として使用する場合は，PR＝1，CLR＝1にしておく必要がある．

例題 37 Dフリップフロップについて，以下のタイムチャートを作成せよ．

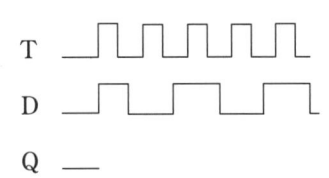

[解答]

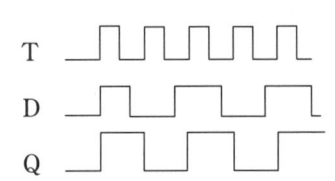

ドリル No. 37　Class　　No.　　Name

問題 37.1 RSTフリップフロップを用いてDフリップフロップを構成せよ．

問題 37.2 DフリップフロップのDは何を表しているか答えよ．

問題 37.3 プリセット入力，クリア入力とも active low，すなわち論理0で活性化されるDフリップフロップについて，以下のタイムチャートを完成させよ．

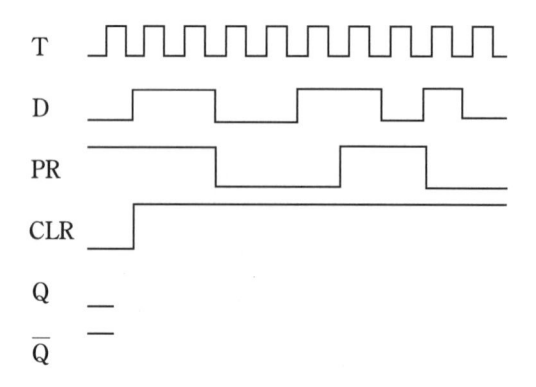

```
T
D
PR
CLR
Q
Q̄
```

チェック項目	月　日	月　日
Dフリップフロップの構成と動作を説明できる．		

9. 情報を記憶する順序回路　　9.5　JKフリップフロップ

RSフリップフロップの欠点である不定を引き起こさないように工夫されたのがJKフリップフロップである．

J入力とK入力はRSフリップフロップのS入力とR入力にそれぞれ対応する．

JKフリップフロップの論理記号，状態遷移表を以下に示す．クロックパルスが入力される端子の丸印は，クロックパルスの立下りに同期して出力が確定することを表している．

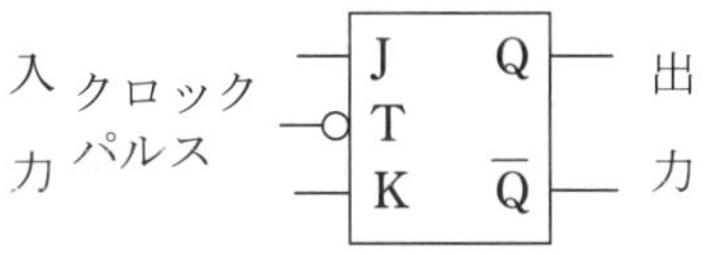

状態遷移表

入力			出力	
J	K	T	Q	$\bar{Q}$
0	0		保持	
1	0	↴	1	0（セット）
0	1		0	1（リセット）
1	1		反転（トグル）	

論理記号

JKフリップフロップの代表的なものにマスタスレーブ形JKフリップフロップがある．マスタフリップフロップとスレーブフリップフロップを2段構成にした原理図を以下に示す．

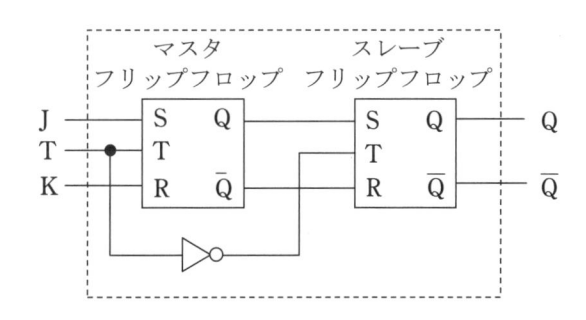

例題 38　JKフリップフロップについて，下記のタイムチャートを完成させよ．

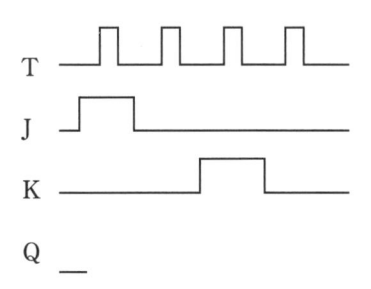

解答

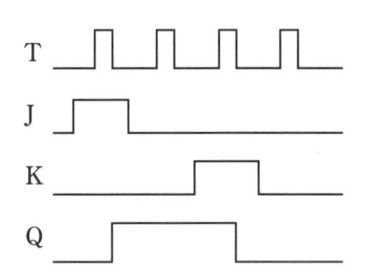

ドリル No. 38　Class　　No.　　Name

問題 38.1 JKフリップフロップを用いてDフリップフロップを構成せよ．

問題 38.2 JKフリップフロップの4つの同期モードをあげよ．

問題 38.3 JKフリップフロップについて，以下のタイムチャートを完成させよ．

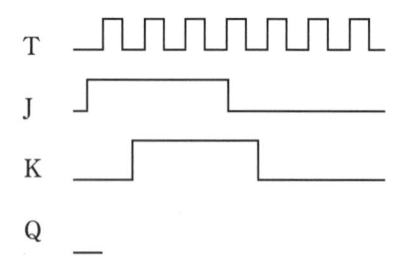

```
T  ─┐┌┐┌┐┌┐┌┐┌┐┌┐┌┐┌─
J  ──────┌──────┐──────
K  ────────┌────┐──────
Q  __
```

チェック項目	月　日	月　日
JKフリップフロップの構成と動作を説明できる．		

9. 情報を記憶する順序回路　　9.6　Tフリップフロップ

> Tフリップフロップは，クロックパルスの立下りまたは立上りで出力が反転するフリップフロップである．

　Tフリップフロップは，クロックパルスの立下りまたは立上りによって出力が反転することから，トグルフリップフロップ（Toggle FF）とよばれる．また，クロックパルスによって回路が動作することから，引き金という意味でトリガフリップフロップ（Trigger FF）ともよばれる．Tフリップフロップの論理記号と状態遷移表を以下に示す．クロックパルスの入力端子に丸印があるので，クロックパルスの立下りで出力が反転するTフリップフロップを表している．また，Tフリップフロップの動作をタイムチャートで示す．

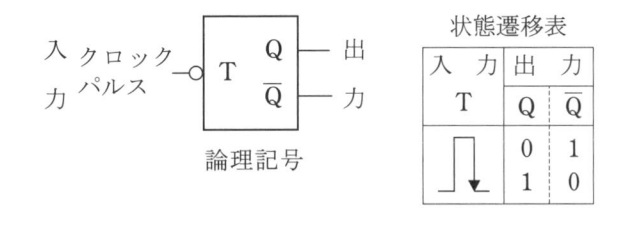

論理記号

状態遷移表

入力	出力	
T	Q	$\overline{Q}$
↓	0	1
	1	0

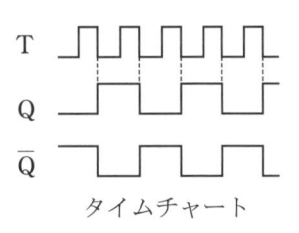

タイムチャート

　Tフリップフロップの出力は，クロックパルスが立下るたびに1，0を繰り返すことから1ビットのカウント動作に相当し，カウンタの基本回路として使用される．

例題 39　JKフリップフロップを用いてTフリップフロップを構成せよ．

解答

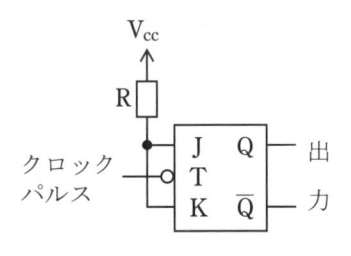

ドリル No.39　Class　　No.　　Name

問題 39.1 JKフリップフロップを用いたTフリップフロップを例題39とは異なる方法で構成せよ．

問題 39.2 Dフリップフロップを用いてTフリップフロップを構成せよ．

問題 39.3 下図はTフリップフロップを用いたダウンカウンタである．タイムチャートを完成させよ．

チェック項目	月　日	月　日
Tフリップフロップの構成と動作を説明できる．		

10. 代表的な順序回路　　10.1　非同期式 2^n 進カウンタ

Tフリップフロップを縦続接続し，前段のフリップフロップの出力が自分自身のクロックとする構成を非同期式カウンタという．ここでは，2^n 進カウンタを対象とする．

Tフリップフロップ1個では，$0 \to 1 \to 0 \to 1 \cdots$ と0と1を繰り返す．これは2進1桁を表すので2進カウンタを構成できる．同様に，Tフリップフロップ2個では00～11を繰り返すので，4進カウンタを構成できる．3個では8進カウンタ，4個では16進カウンタと一般に，n個では 2^n 進カウンタを構成できる．例として，非同期式8進カウンタを以下に示す．

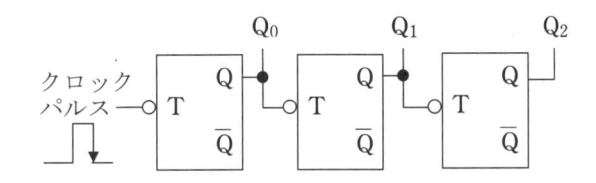

Tフリップフロップを用いた非同期式8進カウンタ

このカウンタのタイムチャートを以下に示す．このタイムチャートにおいて，Q_2 は最上位ビット（MSB：Most Significant Bit），Q_0 は最下位ビット（LSB：Least Significant Bit）を表し，Q_2, Q_1, Q_0 はそれぞれ 2^2, 2^1, 2^0 の重みをもっている．

出力 Q_0 はクロックパルスの立下りによって反転する．また，2段目のフリップフロップの入力端子Tには，前段のフリップフロップの出力 Q_0 が入力される．したがって，出力 Q_1 はクロックパルスではなく Q_0 の立下りによって反転動作をする．同様に，出力 Q_2 は Q_1 の立下りによって反転する．このように前段の出力が次段のクロックパルスとなるカウンタを非同期式カウンタと呼ぶ．

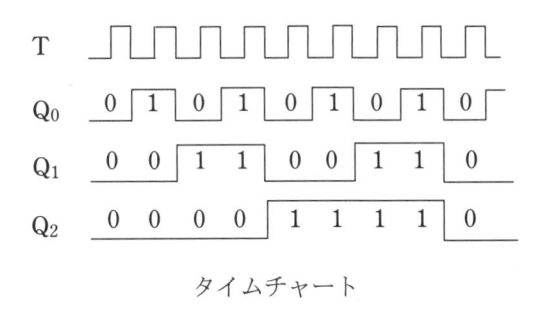

タイムチャート

例題 40　非同期式4進カウンタを構成せよ．

解答　4進カウンタを構成するためには，2個のFFが必要である．よって，以下のように構成できる．

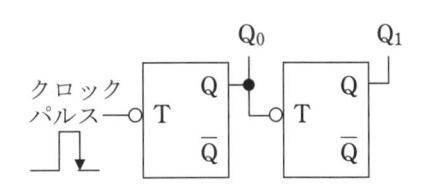

ドリル No. 40　　Class　　　No.　　　　Name

問題 40.1 0から31までカウントできるカウンタは何進カウンタか．

問題 40.2 非同期式8進カウンタを構成する場合，フリップフロップ1段の遅延時間をtとすると全体の遅延時間はいくらか．

問題 40.3 Dフリップフロップを用いて非同期式4進カウンタを構成せよ．

問題 40.4 非同期式カウンタとはどのような方式か．

問題 40.5 非同期式8進カウンタに1〔MHz〕のクロックパルスを加えた場合，最終段から何kHzのパルスが出力されるか．

チェック項目	月　日	月　日
非同期式 2^n 進カウンタを構成できる．		

10. 代表的な順序回路　　10.2　非同期式カウンタ（2^n 進以外）

> JK フリップフロップのクリア端子を利用することで，2^n 進以外のカウンタを構成する．

　ここでは非同期式 2^n 進以外のカウンタの例として非同期式 5 進カウンタについて考える．5 進カウンタは 10 進数で $0 \to 1 \to 2 \to 3 \to 4 \to 0 \to \cdots$ と動作する．0 から 4 までをカウントするためには，3 個のフリップフロップが必要である．このフリップフロップの出力を Q_2, Q_1, Q_0 とする．クロックが入力されるごとに Q_2, Q_1, Q_0 は $000 \to 001 \to 010 \to 011 \to 100 \to 000 \cdots$ と遷移する．

　非同期式 5 進カウンタは，$Q_2Q_1Q_0$ が 100 から 101 になった瞬間にすべてのフリップフロップを強制的にリセットすることにより構成できる．図のタイムチャートで「リセット」と記入してある個所では，$Q_2Q_1Q_0$ が 101 となるが，この信号をもとにリセット信号を作り出して各フリップフロップのクリア端子（CLR）に加えている．正確には，$Q_2\overline{Q_1}Q_0=111$ 信号を NAND ゲートでデコードした 0 信号を各フリップフロップの CLR に加えている．したがって，一瞬ではあるが，$Q_2Q_1Q_0=101$ が発生する

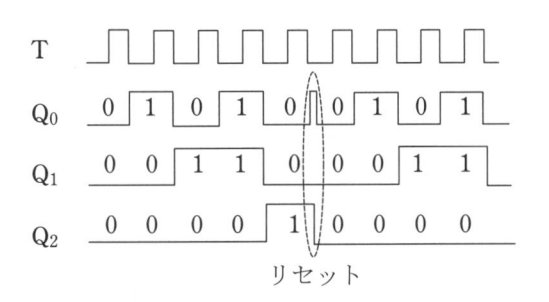

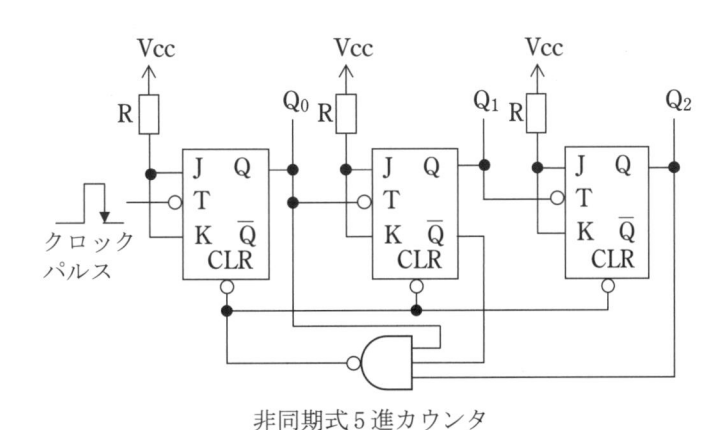

非同期式5進カウンタ

例題 41　非同期式 3 進カウンタを T フリップフロップで構成する場合，どのような構成にすればよいか．

解答　2 個の T フリップフロップと 2 入力 NAND ゲートを 1 個用いる．T フリップフロップの出力を Q_1, Q_0 とすると，Q_1, Q_0 の信号を 2 入力 NAND ゲートに加える．すなわち，$Q_1Q_0=11$ のときに T フリップフロップをリセットすることで，$0 \to 1 \to 2 \to 0 \to 1 \to 2 \to 0$ を繰り返す 3 進カウンタを実現できる．

ドリル No. 41   Class   No.   Name

問題 41.1 JK フリップフロップを用いた非同期式 10 進カウンタを構成せよ．

問題 41.2 83 頁に示した非同期式 5 進カウンタでは，各フリップフロップに伝わるリセット信号の伝搬時間に差があるとリセットされないフリップフロップが生じ，正常に動作しない場合が考えられる．たとえば，初段フリップフロップへのリセット信号が遅れた場合，$Q_2Q_1Q_0 = 001$ となり，NAND ゲートの出力は High (1) になる．この結果，Q_0 はリセットされずに誤動作が生ずることになる．確実な動作をさせるための非同期式 5 進カウンタを構成せよ．

チェック項目	月　日	月　日
非同期式カウンタ（2^n 進以外）を構成できる．		

10. 代表的な順序回路　　10.3　同期式 2^n 進カウンタ

JKフリップフロップを縦続接続し，各フリップフロップを共通のクロックパルスで同時制御できるように構成したカウンタである．ここでは，2^n 進カウンタを対象とする．

同期式カウンタはクロックパルスに対し，出力変化が同時になるようにすべてのフリップフロップを共通のクロックパルスで同時に制御ができるように構成したカウンタである．

例題 42　同期式8進カウンタを構成せよ．

解答　非同期式の場合と同様に3つのフリップフロップを用いる．そのフリップフロップの出力を Q_2, Q_1, Q_0 とし，それぞれ重み 2^2, 2^1, 2^0 をもつとする．

8進カウンタの真理値表

クロックパルス数	Q_2	Q_1	Q_0
0	0	0	0
1	0	0	1
2	0	1	0
3	0	1	1
4	1	0	0
5	1	0	1
6	1	1	0
7	1	1	1

真理値表から，出力 Q_0 は0と1を繰り返していることがわかる．したがって，JKフリップフロップを用いた場合，JとKを接続してHighにすればTフリップフロップが構成でき，クロックパルス入力ごとに反転動作をする．次に，表の矢印で示したように，出力 Q_1 は Q_0 が1のとき次のクロックパルス入力で反転する．また，Q_2 は Q_0 と Q_1 が同時に1のとき，次のクロックパルス入力で反転する．

このことから，たとえば，出力 Q_2 をもつフリップフロップのJとKの両端子に Q_0 と Q_1 のANDをとった出力を接続すれば，真理値表を満足する結果が得られる．

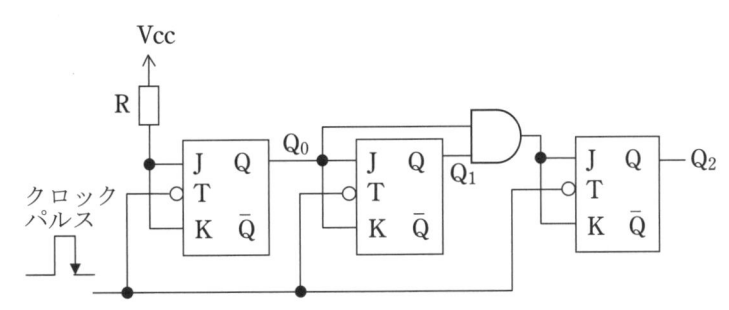

JKフリップフロップを用いた同期式8進カウンタ

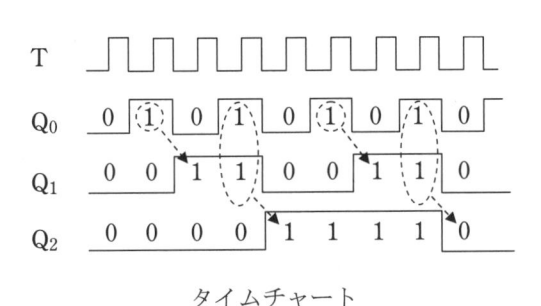

タイムチャート

ドリル No. 42　Class　　No.　　Name

問題 42.1 JKフリップフロップを用いた同期式4進カウンタを構成せよ．

問題 42.2 クロックパルスに合わせてすべてのフリップフロップが動作するカウンタは，非同期式か同期式か．

問題 42.3 例題42の回路において，8番目のクロックパルスが加わった後の出力 Q_2, Q_1, Q_0 はどうなるか．

問題 42.4 JKフリップフロップを用いた同期式16進カウンタを構成せよ．

チェック項目	月　日	月　日
同期式 2^n 進カウンタを構成できる．		

10. 代表的な順序回路　　10.4　同期式カウンタ（2^n 進以外）

> JK フリップフロップの J と K を制御することで，2^n 進以外の同期式カウンタを設計できる．

例題 43 同期式3進カウンタを構成せよ．

　3進カウンタを構成するためには，JK フリップフロップは2個必要である．初段のフリップフロップの J，K 入力を J_0，K_0，2段目を J_1，K_1 とする．同期式カウンタなのでクロックパルスはすべてのフリップフロップのクロック入力となる．

　以上の点を考慮して，3進カウンタの真理値表を以下に示す．この表は，t=n のとき出力が Q_1Q_0 の状態でクロックパルスが入力されたとき，t=n+1 の出力 Q_1Q_0 を得るために各フリップフロップの J，K が必要とする入力条件を表したものである．たとえば，カウント0での入力条件 J_1，K_1，J_0，K_0 の値 0，*，1，* は，各段の出力 Q_1，Q_0 が 0，0 から 0，1 に変化するために必要な J，K の値を示している．ここで，* は 0 または 1 のいずれでも同じ結果が得られることを示している．この真理値表をもとに各 J と K についてカルノー図を作成すると，以下のように表される．3進カウンタの出力で，Q_1Q_0 が 11 となることはない．この場合は，無効組合せとして扱い，カルノー図で対応するマス目は 0 でも 1 でもよく，記号 X と表す．

同期式3進カウンタの真理値表

カウント	t=n Q_1	Q_0	入力条件 J_1	K_1	J_0	K_0	t=n+1 Q_1	Q_0
0	0	0	0	*	1	*	0	1
1	0	1	1	*	*	1	1	0
2	1	0	*	1	0	*	0	0

(a) J_0 について

(b) J_1 について

(c) K_1 について

(d) K_0 について

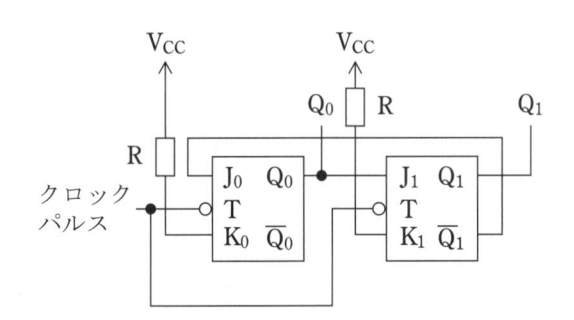

ドリル No. 43　　Class　　　No.　　　　Name

問題　43.1　JK フリップフロップを用いた同期式 5 進カウンタを構成せよ．

問題　43.2　JK フリップフロップを用いた同期式 10 進カウンタを構成せよ．

チェック項目	月　日	月　日
同期式カウンタ（2^n 進以外）を構成できる．		

10. 代表的な順序回路　　10.5　シフトレジスタ

> シフトレジスタは，データを一時的に記憶しておくための回路である．

レジスタ（register）は入力装置から取り込んだ数値データや演算結果などを一時的に記憶しておくための回路である．また，シフトレジスタは，記憶された2進データを右または左に桁移動（シフト）する機能を持ったレジスタで，フリップフロップを直列に接続して構成する．

例題 44.1 Dフリップフロップを用いた4ビットシフトレジスタを構成し，そのタイムチャートを示せ．

[解答]

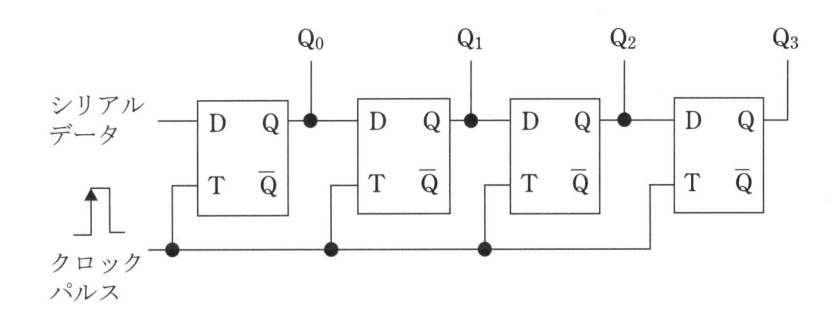

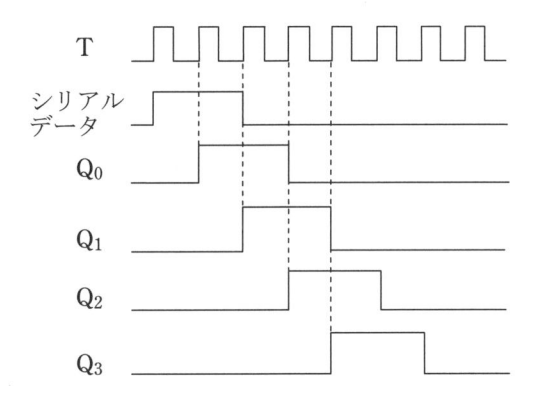

例題 44.2 4ビットシフトレジスタにデータをロードするためにはクリアした後，何個のクロックパルスが必要か．

[解答]　4個

ドリル No. 44　　Class　　　No.　　　　Name

問題 44.1 例題 44.1 の回路で，クロックパルスが立ち上がるたびにシリアルデータは Q_0 から Q_3 方向にシフトされる様子を示せ．初期状態では，フリップフロップの出力はすべて 0 とする．

問題 44.2 シフトレジスタの種類として以下の 4 通りが考えられる．
1．直列入力－直列出力方式
2．直列入力－並列出力方式
3．並列入力－直列出力方式
4．並列入力－並列出力方式

上記のすべての方式を満足する JK フリップフロップを用いた 4 ビットシフトレジスタを構成せよ．

チェック項目	月　日	月　日
シフトレジスタの構成と動作を説明できる．		

10. 代表的な順序回路　　10.6　リングカウンタ

1つのフリップフロップの出力値1を，クロックパルスの入力とともに隣のフリップフロップに次々に移動させるリングカウンタを理解する．

10.5で述べたシフトレジスタの最上位ビット Q_{n-1} を，最下位ビットの入力へフィードバックさせる構成である．クロックパルスが入力されるたびに1ビットずつ右方向へ巡回シフトされる．図において，$Q_0 \to Q_1 \to \cdots \to Q_{n-1} \to Q_0$ と巡回シフトする．FFは，フリップフロップを表す．

リングカウンタ

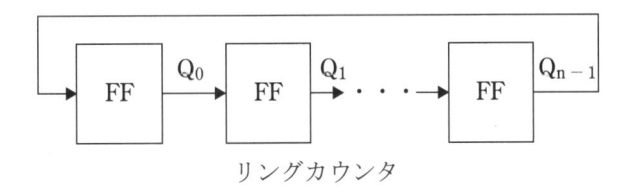

例題 45　Dフリップフロップを用いた4ビットリングカウンタを構成せよ．また，このリングカウンタのタイムチャートを示せ．ただし，初期状態では，すべてのDフリップフロップの出力はすべて0とする．

解答　図示したように，最上位ビットを除くいずれかのビットが1の場合，最下位のフリップフロップのD入力端子に0を入力する構成としている．

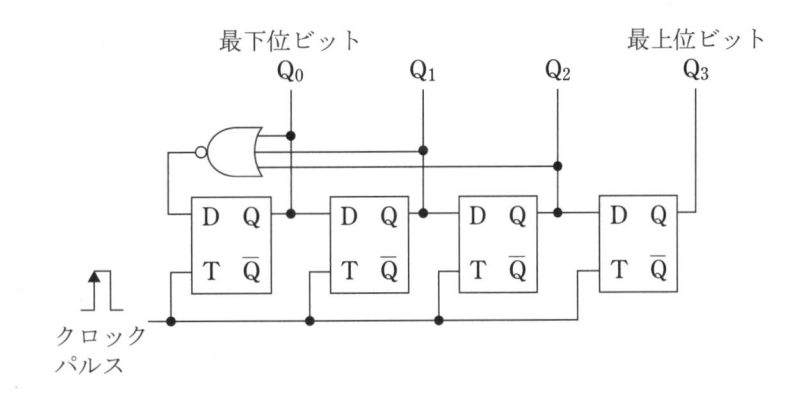

タイムチャートは下図のように，クロックパルスが立上るたびに1が右方向に巡回シフトする．ただ1つのフリップフロップの出力だけが1となり，それが巡回している．

リングカウンタでは，一般に，n個のフリップフロップを上図のように接続することで，n進カウンタが構成できる．

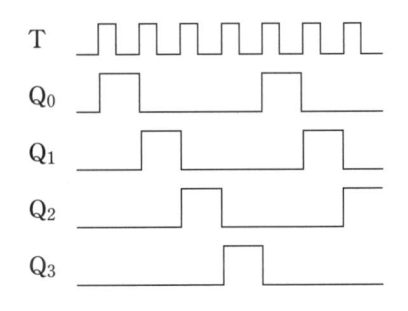

ドリル No. 45	Class	No.	Name

問題 45.1 例題 45 の回路で，クロックパルス数 0 から 7 に対して，リングカウンタの出力を表にまとめよ．

問題 45.2 例題 45 の回路で，出力 Q からのフィードバックではなく，出力 $\overline{Q}$ からフィードバックさせた場合のリングカウンタを構成せよ．

問題 45.3 例題 45 の 4 ビットリングカウンタを，JK フリップフロップを用いて構成せよ．

チェック項目	月 日	月 日
リングカウンタの構成と動作を説明できる．		

10. 代表的な順序回路　　10.7　ジョンソンカウンタ

> シフトレジスタの最終段の出力Qの反転信号を初段の入力とし，クロックパルスに同期してデューティ比50%のパルスが巡回シフトするジョンソンカウンタを理解する．

10.5で述べたシフトレジスタの最上位ビット Q_{n-1} を，最下位ビットの入力へ反転してフィードバックさせた構成である．クロックパルスが入力されるたびに1ビットずつ右方向へ巡回シフトされる．図において $Q_0 \to Q_1 \to \cdots \to Q_{n-1} \to Q_0$ と巡回シフトする．FFは，フリップフロップを表す．

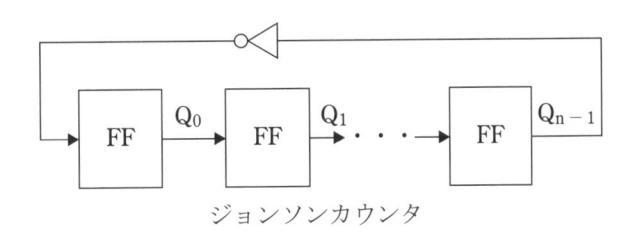

ジョンソンカウンタ

例題 46　Dフリップフロップを用いた4ビットジョンソンカウンタを構成せよ．また，このジョンソンカウンタのタイムチャートを示せ．ただし，初期状態では，すべてのDフリップフロップの出力はすべて0とする．

解答　図示したように，最上位ビットの反転を最下位のフリップフロップのD入力とする構成とする．

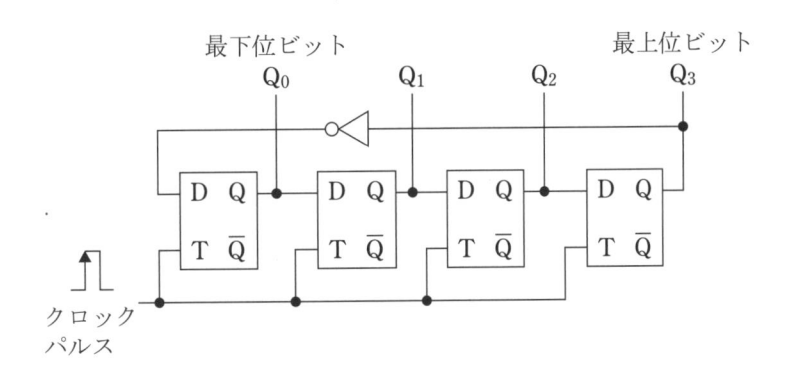

タイムチャートは図のように，クロックパルスが立上るたびに，一定のパターンのパルス出力が次々と右方向に巡回シフトする．ジョンソンカウンタでは，一般に，n個のフリップフロップを上図のように接続することで，2^{n-1} 進カウンタが構成できる．

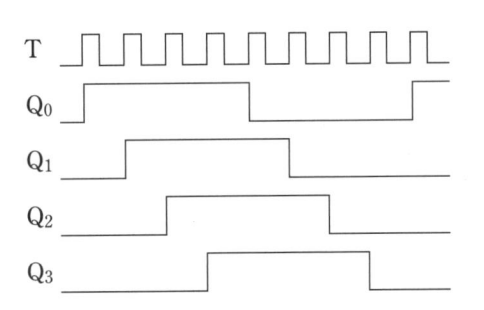

ドリル No. 46　Class　　　No.　　　Name

問題 46.1　**例題** 46 をもとに，クロックパルス数 0 から 7 に対して，2 進数表現と 4 ビットジョンソンカウンタの出力を表にまとめよ．

問題 46.2　**例題** 46 の 4 ビットジョンソンカウンタを，D フリップフロップだけで構成せよ．

問題 46.3　D フリップフロップを用いた 5 ビット（10 進）ジョンソンカウンタを構成せよ．

チェック項目	月　日	月　日
ジョンソンカウンタの構成と動作を説明できる．		

1章 ディジタル技術の基礎　解　答

1.1
　たとえば水銀温度計はガラス管内に水銀を封入し，水銀の熱膨張を利用して温度を測定する．温度はガラス管につけた目盛りを読み取って行う．ディジタル式は，数字で表示する．連続量と離散量の違い．

1.2
デジタルカメラ…CCD（電荷結合素子）センサを用いて撮影した画像を，ディジタル信号に変換してメモリに取り込むカメラ．
フィルム式カメラ…感光材料が塗られたフィルムを露光させることで，像を写し撮る方式のカメラ．画像を色の濃淡としてフィルムに記録する．

1.3
アナログコンピュータ…1つの数値を表すのに1本の信号線を用いて，たとえば，1という数値を1〔V〕，2という数値を2〔V〕という電圧で表現し，アナログ量のままで計算するコンピュータ．
ディジタルコンピュータ…情報をすべて数で表し，ディジタル信号により動作するコンピュータ．

1.4
カセットテープ…粉末状の磁性体をテープ状のフィルムに，接着剤で塗布した記録媒体で，磁化の変化によりデータを記録・再生するメディア．
CD（コンパクトディスク）…赤外レーザー光線を用いて凸凹を読み取って1と0のディジタルデータに変換し，その後D/Aコンバータでアナログ信号に変換して再生する．CDに小さな傷や多少の汚れがあって読み取りエラーを起こしても，データに加えて訂正用のビットを追加することで正しい情報に直すことができる．

1.5
アナログ放送…アナログの信号伝送方式を用いたテレビ放送方式．電波はVHFでチャンネルは1から12チャンネル．また，UHFも用いられる．テレビの画面を構成している走査線の数は525本．画面サイズは縦横が3：4．
ディジタル放送…ディジタル信号を使ったテレビの送信方法．電波はUHFでチャンネルは13から62チャンネル．テレビの画面を構成している走査線の数は1125本なので，アナログ放送よりも映像は詳細まできれいに見える．画面サイズは縦横が9：16．

2.1
アナログ回路…増幅回路，発振回路，電源回路，変調回路，フィルタ回路
ディジタル回路…加算器，フリップフロップ，カウンタ，シフトレジスタ

2.2
　アナログ回路は，信号の時間的な変化である連続量（たとえば，映像や音声信号）を処理する回路である．
　ディジタル回路は，信号を2つのレベル（HighまたはLowの2値）で処理する回路である．

2.3
特徴(1)　外部からのノイズや温度変化に弱い．
特徴(2)　素子の特性の違いの影響を受けやすい．
特徴(3)　抵抗，コイル，コンデンサなど受動部品が必要になるため，小型化が難しい．

2.4
　電流は正電荷，電子は負電荷の違いはあるが，移動速度は同じである．電子はおよそ光の速さである毎秒30万キロメートルで移動する．したがって，1.5〔m〕の銅線を通過する時間 t は
$$t=\frac{1.5}{3\times 10^8}=0.5\times 10^{-8}〔s〕=5〔ns〕$$

2章 ディジタル回路の数表現　解答

3.1
ビット（bit：binary digit の略）

3.2
(1) $011100_2 = 0 \times 2^5 + 1 \times 2^4 + 1 \times 2^3 + 1 \times 2^2 + 0 \times 2^1 + 0 \times 2^0 = 16 + 8 + 4 = 28_{10}$

(2) $111111_2 = 1 \times 2^5 + 1 \times 2^4 + 1 \times 2^3 + 1 \times 2^2 + 1 \times 2^1 + 1 \times 2^0 = 32 + 16 + 8 + 4 + 2 + 1 = 63_{10}$

3.3
(1)

```
       余り
2) 127  1 ···LSB
2)  63  1
2)  31  1
2)  15  1
2)   7  1
2)   3  1
     1 ···MSB
```

$\boxed{127_{10} = 1111111_2}$

(2)

```
       余り
2) 1000  0 ···LSB
2)  500  0
2)  250  0
2)  125  1
2)   62  0
2)   31  1
2)   15  1
2)    7  1
2)    3  1
      1 ···MSB
```

$\boxed{1000_{10} = 1111101000_2}$

3.4
$1100.101_2 = 1 \times 2^3 + 1 \times 2^2 + 0 \times 2^1 + 0 \times 2^0 + 1 \times 2^{-1} + 0 \times 2^{-2} + 1 \times 2^{-3} = 8 + 4 + 0.5 + 0.125 = 12.625_{10}$

3.5

```
    0.375
  ×   2
   0.750
  ×   2
   1.500
  ×   2
   1.000
```

$\boxed{0.375_{10} = 0.011_2}$

3.6
3.14 を整数部の 3 と小数部の 0.14 に分ける．
よって，0.14 は
$$0.14_{10} = 0.00\dot{1}00011110101110000\dot{1}$$
となり，2進数変換後は●から●の間を繰り返す．実際には有限なビット数となるため，誤差を含むことになる．

```
     余り        0.14      0.48      0.36      0.52
2) 3   1        ×  2      ×  2      ×  2      ×  2
   1            [0].28    [0].96    [0].72    [1].04
                ×  2      ×  2      ×  2      ×  2
3₁₀=11₂         [0].56 ←  [1].92    [1].44    [0].08
                ×  2      ×  2      ×  2      ×  2
                [1].12    [1].84    [0].88    [0].16
                ×  2      ×  2      ×  2      ×  2
                [0].24    [1].68    [1].76    [0].32
                ×  2      ×  2      ×  2      ×  2
                [0].48    [1].36    [1].52    [0].64
                                              ×  2
                                              [1].28
```

$\boxed{3.14_{10} = 11.00\dot{1}00011110101110000\dot{1}_2}$

4.1
(1) $A_{16} = 10_{10}$

(2) $8E_{16} = 8 \times 16^1 + 14 \times 16^0 = 128 + 14 = 142_{10}$

(3) $A98_{16} = 10 \times 16^2 + 9 \times 16^1 + 8 \times 16^0 = 2560 + 144 + 8 = 2712_{10}$

(4) $48E_{16} = 4 \times 16^2 + 8 \times 16^1 + 14 \times 16^0 = 1166_{10}$

(5) $CDEF_{16} = 12 \times 16^3 + 13 \times 16^2 + 14 \times 16^1 + 15 \times 16^0 = 52719_{10}$

4.2
(1) $3.8_{16} = 3 \times 16^0 + 8 \times 16^{-1} = 3 + 0.5 = 3.5_{10}$

(2) $CD.E_{16} = 12 \times 16^1 + 13 \times 16^0 + 14 \times 16^{-1} = 192 + 13 + 0.875 = 205.875_{10}$

(3) $111.1_{16} = 1 \times 16^2 + 1 \times 16^1 + 1 \times 16^0 + 1 \times 16^{-1} = 256 + 16 + 1 + 0.0625 = 273.0625$

(4) $FFF.F_{16} = 15 \times 16^2 + 15 \times 16^1 + 15 \times 16^0 + 15 \times 16^{-1} = 4095.9375_{10}$

または，$1000.F - 1 = 16^3 + 15 \times 16^{-1} - 1 = 4096 - 1 + 0.9375 = 4095.9375_{10}$

(5) $1234.5_{16} = 1 \times 16^3 + 2 \times 16^2 + 3 \times 16^1 + 4 \times 16^0 + 5 \times 16^{-1}$
$= 4096 + 512 + 48 + 4 + 0.3125$
$= 4660.3125_{10}$

4.3

(1) $1110.1111 = \text{E.F}_{16}$

(2) $\underbrace{1000}_{8}\underbrace{0001}_{1}.\underbrace{1010}_{A} = 81.\text{A}_{16}$

(3) $101010.011011 = \underbrace{0010}_{2}\underbrace{1010}_{A}.\underbrace{0110}_{6}\underbrace{1100}_{C} = 2\text{A.6C}_{16}$

(4) $10001.1 = \underbrace{0001}_{1}\underbrace{0001}_{1}.\underbrace{1000}_{8} = 11.8_{16}$

(5) $1000000.0011001 = \underbrace{0100}_{4}\underbrace{0000}_{0}.\underbrace{0011}_{3}\underbrace{0010}_{2} = 40.32_{16}$

4.4

(1) 1111_2 (2) $10\,1100_2$ (3) $1000\,1001\,1010_2$

(4) $11\,1100.1011_2$ (5) $10\,0010\,0101.01_2$

4.5

(1) 1111_2 (2) 1100100_2 (3) 1111111_2

(4) 100000000_2 (5) 1111101000_2

4.6

(1) 101.01_2 (2) 1111.11_2 (3) 1000001101.01_2

(4) 100000.0011_2 (5) 11111111.101

4.7

(1) 64.2_{16} (2) 7D.E_{16} (3) $70.\text{C}_{16}$ (4) CE.4_{16}

(5) 20C.F_{16}

5.1

$$+7_{10} = 0111_2$$

各ビットを反転し，1を加算する．

$$1000 + 1 = 1001_2$$

$$-7_{10} = 1001_2$$

5.2

$$+123_{10} = 01111011_2$$

各ビットを反転し，1を加算する．

$$10000100 + 1 = 10000101_2$$

5.3

下表に示すように，$-8 \sim +7$．

2進数	10進数
0111	+7
0110	+6
0101	+5
0100	+4
0011	+3
0010	+2
0001	+1
0000	0
1111	−1
1110	−2
1101	−3
1100	−4
1011	−5
1010	−6
1001	−7
1000	−8

6.1

"R" → 1010010

6.2

"X" → 1011000

"Z" → 1011010

"X"のアスキーコード1011000に10（10進数で2）を加えると"Z"のアスキーコードになる．

6.3

グレイコードは，連続する2つの数の表示が1か所の数字だけ異なる表現法である．たとえば，10進数の7は通常の2進コードで0111，10進数の8は1000で連続する2つの数の表示が4か所変化する．これに対して，グレイコードでは，0100が1100となり1ビットだけ変化する．

— 97 —

10進数，2進コード，グレイコードの対応表

10進数	2進コード	グレイコード	10進数	2進コード	グレイコード
0	0000	0000	8	1000	1100
1	0001	0001	9	1001	1101
2	0010	0011	10	1010	1111
3	0011	0010	11	1011	1110
4	0100	0110	12	1100	1010
5	0101	0111	13	1101	1011
6	0110	0101	14	1110	1001
7	0111	0100	15	1111	1000

このようにグレイコードでは，連続する2つの数のハミング距離は常に1である．ハミング距離は，ある2つの4ビットの2進数を，$x_3 x_2 x_1 x_0$, $y_3 y_2 y_1 y_0$ とすると，$\sum_{i=0}^{3} |x_i - y_i|$ で定義される．また，表からわかるように対称性を持っている．連続するコードで何ビット目が変化するかを調べると 121，1213121，121312141213121，…と対称に並ぶ列ができる．

10進数の15を例にとると，グレイコードは次のように2進コードに変換される．

グレイコード　1　　0　　0　　0
　　　　　　　↓　⊕　⊕　⊕
2進コード　　　1　　1　　1　　1

最上位ビットは2つのコードとも同じである．それ以外のビットについては，該当するグレイコードのビットと，1つ上位の2進コードのビットの排他的論理和によって求められる．

6.4

10進数の1桁0から9までを5ビットで表現する．そのうち2ビットが1である．これにより1ビットの誤り検出が容易になる．

2 out-of-5 コード表

10進数	2out-of-5 コード
0	11000
1	00011
2	00101
3	00110
4	01001
5	01010
6	01100
7	10001
8	10010
9	10100

6.5

BCDコードより常に+3大きい値を対応させたコードが3あまりコードである．3あまりコードでは，10進数の0は0011となり，必ず1を含むことで何も送っていない状態と区別することができる．

10進数	BCDコード
0	0011
1	0100
2	0101
3	0110
4	0111
5	1000
6	1001
7	1010
8	1011
9	1100

6.6

10000110　→　86
010101000011　→　543

3章 基本論理回路　解答

7.1

2つの電圧レベルにおいて，相対的に高い方を論理1に対応させたものが正論理なので，-3〔V〕である．

7.2

論理1と論理0を区別する境界電圧をいう．しきい値または閾値（いきち）ともいう．ディジタル回路でも素子の種類によってスレッショルド電圧は異なる．たとえば，TTLのスレッショルド電圧は0.8～2.0〔V〕，CMOSでは1.0～3.5〔V〕である．

7.3

電源ラインの断線などによる異常を検出する場合，負論理であれば電源オフで検出できる．正論理の場合，断線によって電圧が発生せず，異常を検出することがむずかしい．

7.4

正論理

入力		出力
A	B	f
0	0	1
0	1	1
1	0	1
1	1	0

負論理

入力		出力
A	B	f
1	1	0
1	0	0
0	1	0
0	0	1

8.1

入力			出力
A	B	C	f
0	0	0	0
0	0	1	0
0	1	0	0
0	1	1	0
1	0	0	0
1	0	1	0
1	1	0	0
1	1	1	1

8.2

A，Bを入力とするANDゲートの出力を f_1 とすると，$f_1 = A \cdot B$ となる．また，C，Dを入力とするANDゲートの出力を f_2 とすると，$f_2 = C \cdot D$ となる．したがって，最終出力fは

$$f = f_1 \cdot f_2$$

と表される．
よって

$$f = f_1 \cdot f_2 = A \cdot B \cdot C \cdot D$$

となる．

8.3

図で入力A，BがともにHigh（論理1）のとき，入力電圧と電源電圧 Vcc は同電位のため2つのダイオードはともにOFF（非導通）となり，その結果出力fは電源電圧にほぼ等しくf=1となる．一方，入力A，Bの少なくともいずれかにLow（論理0）が加わると，その入力に接続されているダイオードは順方向の電圧がかかるためON（導通）となり，出力fは論理0となる．したがって入出力関係は次の論理式で表される．

$$f = A \cdot B$$

9.1

入力			出力
A	B	C	f
0	0	0	0
0	0	1	1
0	1	0	1
0	1	1	1
1	0	0	1
1	0	1	1
1	1	0	1
1	1	1	1

9.2

A，Bを入力とするANDゲートの出力を f_1 とすると，$f_1 = A + B$ となる．また，C，Dを入力とするANDゲートの出力を f_2 とすると，$f_2 = C + D$ となる．したがって，最終出力fは

$$f = f_1 + f_2$$

と表せる．よって，以下のようになる．

$$f = f_1 + f_2 = A + B + C + D$$

9.3

図で入力AがLow(論理0),入力BがHigh(論理1)のとき,入力Aに接続されているダイオードの両端はともにLowなので電位差はゼロ,すなわちダイオードはOFFとなる.一方,入力Bに接続されているダイオードには順方向の電圧がかかるためONとなり,入力Bから抵抗を通して電流が流れ,その結果,抵抗での電圧降下により出力fはHigh(論理1)となる.入力A,BがともにLowのとき,2つのダイオードはともにOFFとなり,出力fはLowとなる.したがってORゲートの真理値表は本文のようになり,入出力関係は次の論理式で表される.

$$f = A + B$$

10.1

$$f = \overline{A} \cdot B + C + \overline{D}$$

10.2

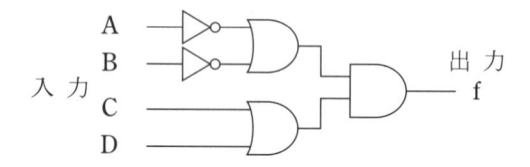

入力 A, B, C, D → 出力 f

(A, BはNOTを通した後ANDゲートへ,CとDはORゲートへ,最終的にANDゲートで f を出力する回路図)

10.3

入力				出力
A	B	C	D	f
0	0	0	0	0
0	0	0	1	1
0	0	1	0	1
0	0	1	1	1
0	1	0	0	0
0	1	0	1	1
0	1	1	0	1
0	1	1	1	1
1	0	0	0	0
1	0	0	1	1
1	0	1	0	1
1	0	1	1	1
1	1	0	0	0
1	1	0	1	0
1	1	1	0	0
1	1	1	1	0

4章 代表的な論理ゲート　解答

11.1

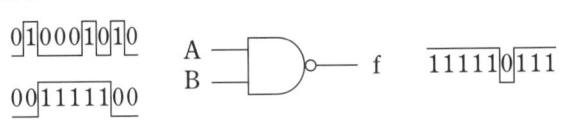

01000 1010　A
00 11111 00　B → NAND → f　$\overline{11111 0 111}$

11.2

NANDゲートの真理値表から入力AとBが等しい場合にA（B）の反転出力が得られる．よって，AとBを接続し入力とすることでインバータと同じ動作が得られる．

入力		出力
A	B	f
0	0	1
0	1	1
1	0	1
1	1	0

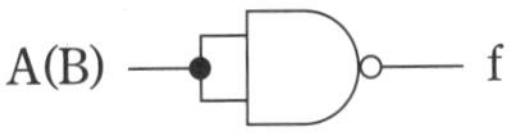

A(B) → NAND → f

11.3

$$f=\overline{\overline{\overline{A}\cdot\overline{B}\cdot\overline{C}\cdot\overline{D}}}$$

12.1

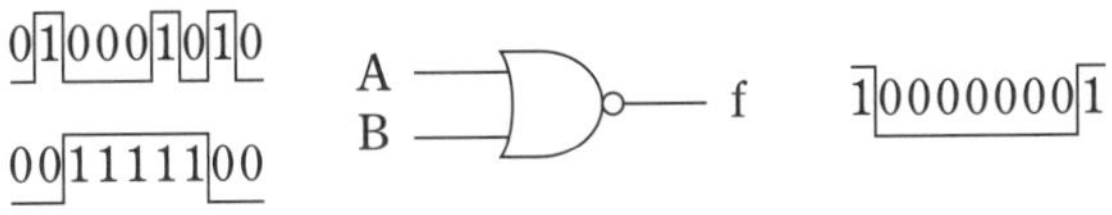

01000 1010　A
00 11111 00　B → NOR → f　$\overline{1}0000000\overline{1}$

12.2

NORゲートの真理値表から入力AとBが等しい場合にA（B）の反転出力が得られる．よって，AとBを接続し入力とすることでインバータと同じ動作が得られる．

入力		出力
A	B	f
0	0	1
0	1	0
1	0	0
1	1	0

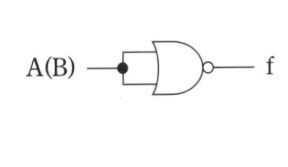

A(B) → NOR → f

12.3

$$f=\overline{\overline{\overline{A}+\overline{B}+\overline{C}+\overline{D}}}$$

13.1

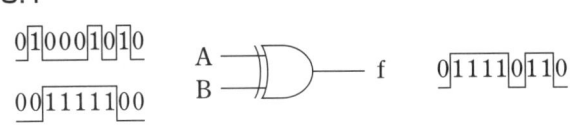

01000 1010　A
00 11111 00　B → AND → f　0 1111 0 11 0

13.2

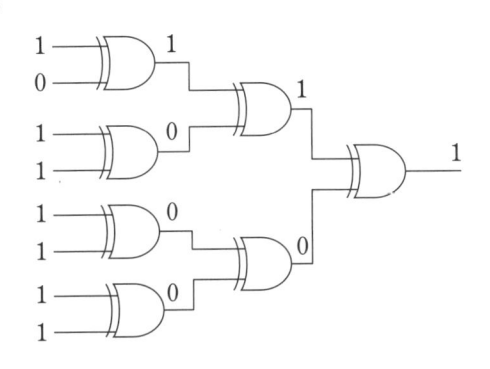

1, 0 → 1
1, 1 → 0
1, 1 → 0
1, 1 → 0
→ 1, 0 → 1

出力: 1

5章 ブール代数と基本論理演算　　解　答

14.1

最上位ビット（MSB）の値をそのまま出力するには，1とのANDをとればよい．その結果，MSBが0であれば0，1であれば1が出力される．また，MSB以外の出力を0とするには0とのANDをとればよい．したがって，10000000とのANDをとることで結果が得られる．

$$\begin{array}{r} 10101100 \\ \text{AND}\ 10000000 \\ \hline \underline{1}0000000 \end{array}$$

14.2

8ビットのデータ10100101の下位4ビットだけをそのまま出力するためには，何らかの処理を行って00000101を得ることである．上位4ビットをすべて0000とするためには，ANDゲートを用いて一方の入力を0にすればよい．また，下位4ビットをそのまま出力するためには，ANDゲートの一方の入力を1にすればよい．すなわち，図の下線で示したように，00001111とのANDをとればよい．

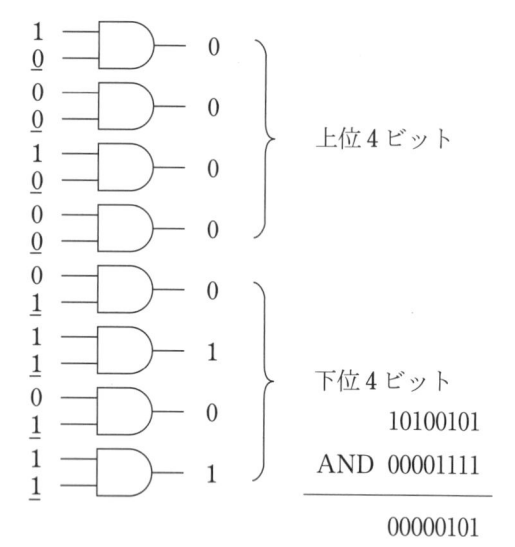

$$\begin{array}{r} 10100101 \\ \text{AND}\ 00001111 \\ \hline 00000101 \end{array}$$

14.3

A	B	A·B	A+B	A⊕B	(A+B)⊕(A⊕B)
0	0	0	0	0	0
0	1	0	1	1	0
1	0	0	1	1	0
1	1	1	1	0	1

15.1

$$\text{左辺} = A \cdot A + A \cdot \overline{B} + A \cdot B + B \cdot \overline{B} = A \cdot 1 + A \cdot \overline{B} + A \cdot B + 0$$
$$= A \cdot (1 + \overline{B} + B) = A\ \text{となり，右辺に等しい．}$$

15.2

$$\begin{aligned}\text{左辺} &= A \cdot B + \overline{A} \cdot \overline{B} + (A + \overline{A}) \cdot B \cdot C \\ &= A \cdot B + \overline{A} \cdot \overline{B} + A \cdot B \cdot C + \overline{A} \cdot B \cdot C \\ &= A \cdot B \cdot (1 + C) + \overline{A} \cdot (\overline{B} + B \cdot C) \\ &= A \cdot B + \overline{A} \cdot (\overline{B} + C) = A \cdot B + \overline{A} \cdot \overline{B} + \overline{A} \cdot C\end{aligned}$$

となり，右辺に等しい．

15.3

$$\begin{aligned}\text{左辺} &= A \cdot \overline{B} \cdot (C + \overline{C}) + (A + \overline{A}) \cdot B \cdot \overline{C} + C \cdot \overline{A} \cdot (B + \overline{B}) \\ &= (A + \overline{A}) \cdot \overline{B} \cdot C + A \cdot \overline{C} \cdot (\overline{B} + B) + \overline{A} \cdot B \cdot (\overline{C} + C) \\ &= \overline{A} \cdot B + \overline{B} \cdot C + \overline{C} \cdot A\end{aligned}$$

となり，右辺に等しい．

16.1

$$\begin{aligned}f &= \overline{(\overline{A} + B)} + (\overline{A} \cdot B) = \overline{A} \cdot \overline{B} + \overline{A} + \overline{B} \\ &= \overline{A} \cdot (\overline{B} + 1) + \overline{B} = \overline{A} + \overline{B}\end{aligned}$$

16.2

$$\begin{aligned}f &= \overline{(\overline{A} \cdot \overline{B}) \cdot (\overline{A} + \overline{B})} = \overline{\overline{A} \cdot B(A + B)} \\ &= \overline{\overline{A} \cdot B} + \overline{(A + B)} = (\overline{A} + \overline{B}) + \overline{A} \cdot \overline{B} = \overline{A}(1 + \overline{B}) + \overline{B} \\ &= \overline{A} + \overline{B}\end{aligned}$$

16.3

$$f = \overline{(\overline{A} \cdot B)} \cdot \overline{A \cdot B} = (A + \overline{B}) \cdot (\overline{A} + \overline{B}) = A \cdot \overline{B} + \overline{A} \cdot B$$

A	B	$\overline{A}$	$\overline{B}$	$A \cdot \overline{B}$	$\overline{A} \cdot B$	$A \cdot \overline{B} + \overline{A} \cdot B$
0	0	1	1	0	0	0
0	1	1	0	0	1	1
1	0	0	1	1	0	1
1	1	0	0	0	0	0

6章 組合せ回路　解答

17.1
$$f=\overline{A}\cdot B\cdot C+A\cdot B\cdot \overline{C}$$

17.2
$$f=\overline{A}\cdot \overline{B}\cdot \overline{C}+\overline{A}\cdot B\cdot C+A\cdot \overline{B}\cdot C$$

17.3
$$f=\overline{A}\cdot B\cdot C+A\cdot \overline{B}\cdot C+A\cdot B\cdot \overline{C}+A\cdot B\cdot C$$

18.1
$$\overline{f}=\overline{A}\cdot \overline{B}\cdot \overline{C}+\overline{A}\cdot \overline{B}\cdot C+\overline{A}\cdot B\cdot \overline{C}+A\cdot \overline{B}\cdot \overline{C}+A\cdot \overline{B}\cdot C+A\cdot B\cdot C$$
$$\therefore f=\overline{\overline{A}\cdot \overline{B}\cdot \overline{C}+\overline{A}\cdot \overline{B}\cdot C+\overline{A}\cdot B\cdot \overline{C}+A\cdot \overline{B}\cdot \overline{C}+A\cdot \overline{B}\cdot C+A\cdot B\cdot C}$$
$$=\overline{\overline{A}\cdot \overline{B}\cdot \overline{C}}\cdot \overline{\overline{A}\cdot \overline{B}\cdot C}\cdot \overline{\overline{A}\cdot B\cdot \overline{C}}\cdot \overline{A\cdot \overline{B}\cdot \overline{C}}\cdot \overline{A\cdot \overline{B}\cdot C}\cdot \overline{A\cdot B\cdot C}$$
$$=(A+B+C)\cdot (A+B+\overline{C})\cdot (A+\overline{B}+C)\cdot (\overline{A}+B+C)\cdot$$
$$(\overline{A}+B+\overline{C})\cdot (\overline{A}+\overline{B}+C)$$

18.2
$$\overline{f}=\overline{A}\cdot \overline{B}\cdot C+\overline{A}\cdot B\cdot \overline{C}+A\cdot \overline{B}\cdot \overline{C}+A\cdot B\cdot \overline{C}+A\cdot B\cdot C$$
$$\therefore f=\overline{\overline{A}\cdot \overline{B}\cdot C+\overline{A}\cdot B\cdot \overline{C}+A\cdot \overline{B}\cdot \overline{C}+A\cdot B\cdot \overline{C}+A\cdot B\cdot C}$$
$$=\overline{\overline{A}\cdot \overline{B}\cdot C}\cdot \overline{\overline{A}\cdot B\cdot \overline{C}}\cdot \overline{A\cdot \overline{B}\cdot \overline{C}}\cdot \overline{A\cdot B\cdot \overline{C}}\cdot \overline{A\cdot B\cdot C}$$
$$=(A+B+\overline{C})\cdot (A+\overline{B}+C)\cdot (\overline{A}+B+C)\cdot (\overline{A}+\overline{B}+C)\cdot (\overline{A}+\overline{B}+\overline{C})$$

19.1

カルノー図から
$$f=\overline{A}+\overline{B}$$
となる．

A\B	0	1
0	1	1
1	1	

19.2

カルノー図から，囲めるのは1個のループだけなので，簡単化できない．

A\B	0	1
0		1
1	1	

19.3

カルノー図から，すべてのセルをループで囲むことができるので

$$f=1$$
となる．

A\B	0	1
0	1	1
1	1	1

20.1

カルノー図から
$$f=A\cdot B+B\cdot C+C\cdot A$$
となる．

AB\C	0	1
00		
01		1
11	1	1
10		1

20.2

カルノー図から
$$f=A$$
となる．

AB\C	0	1
00		
01		
11	1	1
10	1	1

20.3

カルノー図から，
$$f=\overline{B}\cdot \overline{D}$$
となる．

AB\CD	00	01	11	10
00	1			1
01				
11				
10	1			1

21
(1) 入力変数として会長をA，社長をB，2人の副社長をC，Dとし，各変数とも賛成の場合を1，反対の場合を0とする．また，出力関数をfとし，採用内定の場合を1とする．

真理値表

入力				出力
A	B	C	D	f
0	0	0	0	0
0	0	0	1	0
0	0	1	0	0
0	0	1	1	0
0	1	0	0	0
0	1	0	1	0
0	1	1	0	0
0	1	1	1	1
1	0	0	0	0
1	0	0	1	0
1	0	1	0	0
1	0	1	1	1
1	1	0	0	1
1	1	0	1	1
1	1	1	0	1
1	1	1	1	1

(2) $f = \overline{A} \cdot B \cdot C \cdot D + A \cdot \overline{B} \cdot C \cdot D + A \cdot B \cdot \overline{C} \cdot \overline{D} + A \cdot B \cdot \overline{C} \cdot D + A \cdot B \cdot C \cdot \overline{D} + A \cdot B \cdot C \cdot D$

(3)

AB\CD	00	01	11	10
00				
01			1	
11	1	1	1	1
10			1	

$f = A \cdot B + B \cdot C \cdot D + A \cdot C \cdot D$

(4)

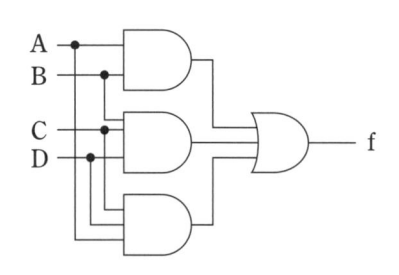

22.1

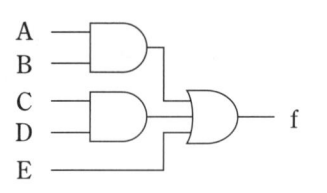

22.2

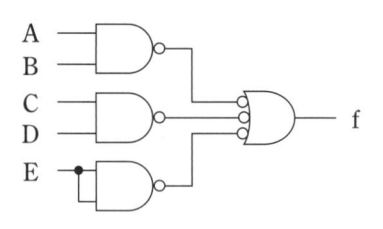

22.3

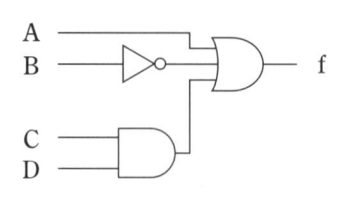

22.4

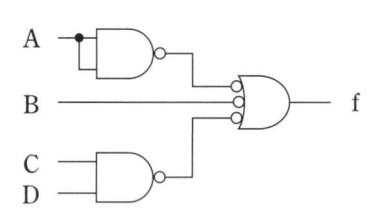

7章 代表的な組合せ回路　解答

23.1

入力	出力	
10進数	2進数	
	B	A
0	0	0
1	0	1
2	1	0
3	1	1

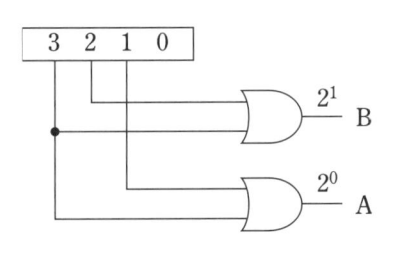

23.2

入力	出力		
10進数	2進数		
	C	B	A
0	0	0	0
1	0	0	1
2	0	1	0
3	0	1	1
4	1	0	0
5	1	0	1
6	1	1	0
7	1	1	1

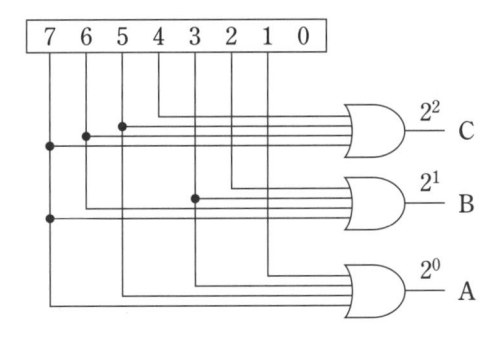

24.1

入力		出力			
B	A				
2^1	2^0	3	2	1	0
0	0	0	0	0	1
0	1	0	0	1	0
1	0	0	1	0	0
1	1	1	0	0	0

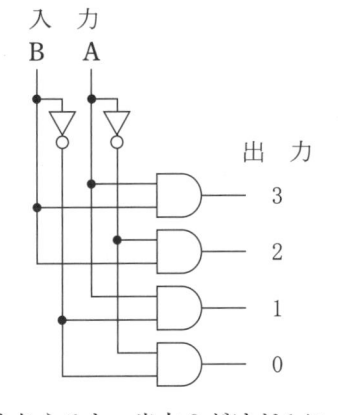

たとえば，B=1，A=0 を与えると，出力 2 だけが 1 になり，それ以外の出力はすべて 0 になる．

24.2

入力			出力							
C	B	A								
2^2	2^1	2^0	7	6	5	4	3	2	1	0
0	0	0	0	0	0	0	0	0	0	1
0	0	1	0	0	0	0	0	0	1	0
0	1	0	0	0	0	0	0	1	0	0
0	1	1	0	0	0	0	1	0	0	0
1	0	0	0	0	0	1	0	0	0	0
1	0	1	0	0	1	0	0	0	0	0
1	1	0	0	1	0	0	0	0	0	0
1	1	1	1	0	0	0	0	0	0	0

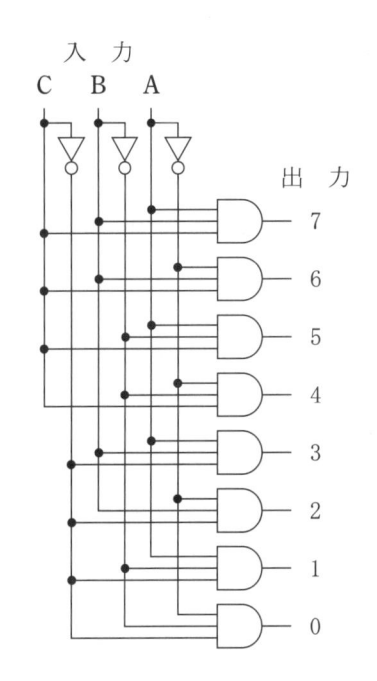

25.1

$f = \bar{S} \cdot A + S \cdot B$

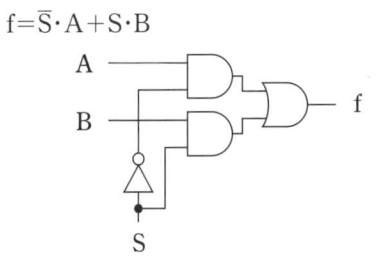

25.2

制御信号 S_1 と S_0 によって特定の演算結果が出力される．$S_1=0$, $S_0=0$ の場合は A と B の加算が，$S_1=0$, $S_0=1$ の場合は A と B の減算がそれぞれ演算結果となる．また，$S_1=1$, $S_0=0$ の場合は A と B の乗算が，$S_1=1$, $S_0=1$ の場合は A と B の除算がそれぞれ演算結果となる．

26.1

2出力なので，制御信号の0と1で出力を分ければよい．以下に論理回路を示す．

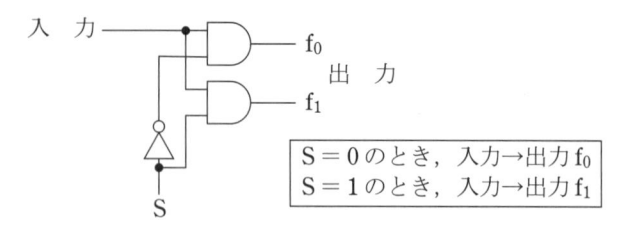

```
入　力 ─┬─[AND]── f₀
        │             出　力
        ├─[AND]── f₁
        │  │
     [NOT]
        │
        S
```

S＝0のとき，入力→出力 f₀
S＝1のとき，入力→出力 f₁

26.2

出力が8本のため，制御信号は3ビット（000～111の8本）必要である．以下に示す真理値表から論理回路を構成する．

真理値表

制御信号			出力
S_2	S_1	S_0	
0	0	0	f_0
0	0	1	f_1
0	1	0	f_2
0	1	1	f_3
1	0	0	f_4
1	0	1	f_5
1	1	0	f_6
1	1	1	f_7

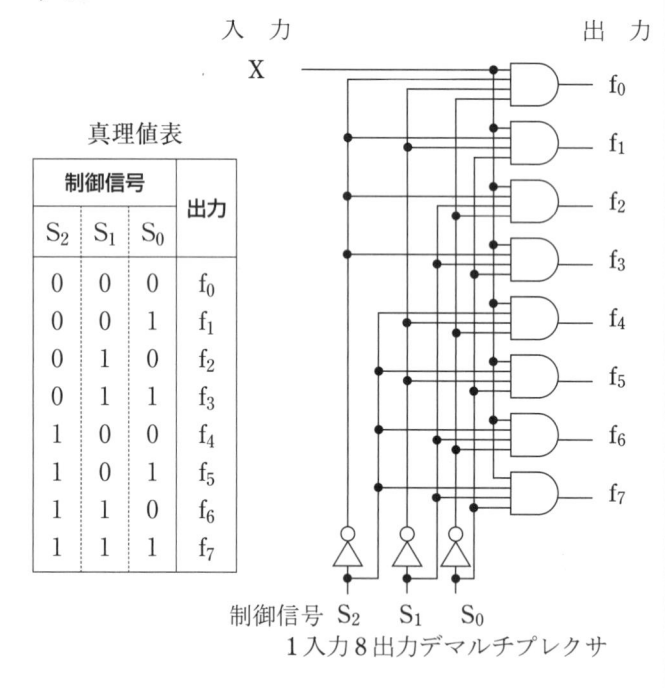

1入力8出力デマルチプレクサ

27.1

問題部分の図に示した比較回路は以下のような動作を行う．

(1) A＜Bのとき $f_{A<B}=1$，$f_{A=B}=0$，$f_{A>B}=0$
(2) A＝Bのとき $f_{A<B}=0$，$f_{A=B}=1$，$f_{A>B}=0$
(3) A＞Bのとき $f_{A<B}=0$，$f_{A=B}=0$，$f_{A>B}=1$

このような条件を満たす真理値表は以下のようになる．

入力		出力		
A	B	$f_{A<B}$	$f_{A=B}$	$f_{A>B}$
0	0	0	1	0
0	1	1	0	0
1	0	0	0	1
1	1	0	1	0

この真理値表より，まずAとBが等しくない場合の出力
(1) $f_{A<B}$ と (3) $f_{A>B}$ は以下のように表される．

(1) $f_{A<B}=\overline{A}\cdot B$

(3) $f_{A>B}=A\cdot\overline{B}$

一方，AとBが等しい場合の出力は以下のようになる．

(2) $f_{A=B}=\overline{A}\cdot\overline{B}+A\cdot B$
$=\overline{\overline{\overline{A}\cdot\overline{B}+A\cdot B}}=\overline{\overline{\overline{A}\cdot\overline{B}}\cdot\overline{A\cdot B}}=\overline{(A+B)\cdot(\overline{A}+\overline{B})}$
$=\overline{A\cdot\overline{B}+\overline{A}\cdot B}=\overline{A\oplus B}$

また，AとBが等しい場合の出力は，AとBが等しくない場合の出力のNORをとればよいことがわかる．したがって，(1)と(3)を用いて

$$f_{A=B}=\overline{f_{A<B}+f_{A>B}}=\overline{\overline{A}\cdot B+A\cdot\overline{B}}$$

となり，これらの論理式から以下の論理回路で構成される．

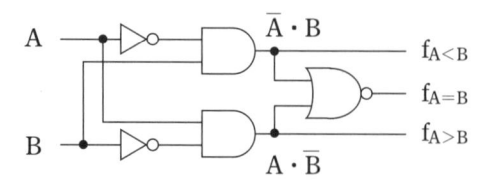

27.2

図のような入出力関係を有する比較回路を構成する．

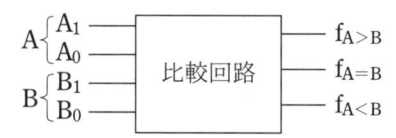

$A\begin{cases}A_1\\A_0\end{cases}$ 　比較回路　 $\begin{matrix}f_{A>B}\\f_{A=B}\\f_{A<B}\end{matrix}$
$B\begin{cases}B_1\\B_0\end{cases}$

(1) A＞Bの場合

A_1A_0 \ B_1B_0	00	01	11	10
00				
01	1			
11	1	1		1
10	1	1		

$$f_{A>B}=A_1\cdot\overline{B_1}+A_0\cdot\overline{B_1}\cdot\overline{B_0}+A_1\cdot A_0\cdot\overline{B_0}$$

(2) A＜Bの場合

A_1A_0 \ B_1B_0	00	01	11	10
00		1	1	1
01			1	1
11				
10			1	

$$f_{A<B}=\overline{A_1}\cdot B_1+\overline{A_1}\cdot\overline{A_0}\cdot B_0+\overline{A_0}\cdot B_1\cdot B_0$$

(3) A＝Bの場合

$$f_{A=B}=\overline{f_{A>B}+f_{A<B}}$$

よって，2ビット比較回路は以下のように構成できる．

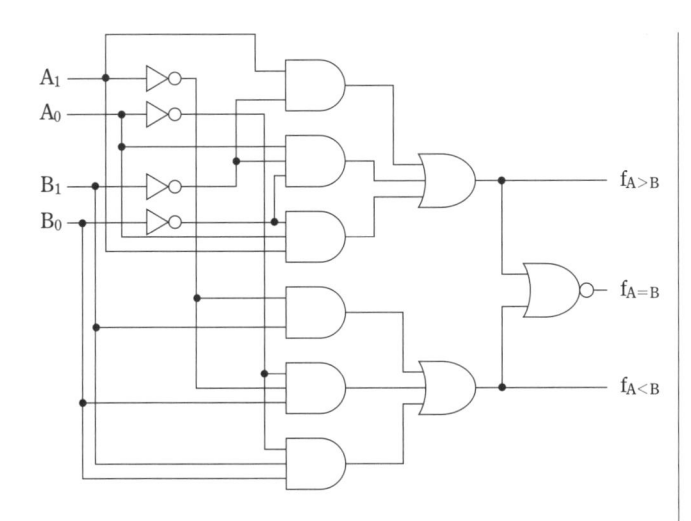

28.1

データを入力として付加すべきパリティビットを出力とする回路は，データに含まれる 1 の個数が偶数であれば出力を 0 に，奇数であれば出力を 1 とする構成である．これは，排他的論理和を用いて構成できる．

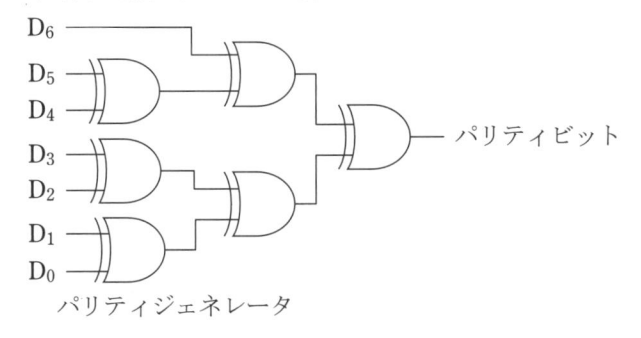

パリティジェネレータ

28.2

入力は，D_0 から D_6 までの 7 ビットのデータと問題 28.1 で生成されたパリティビットになる．出力は，パリティビットを含めたデータに誤りがなければ 0，誤りがあれば 1 となる．

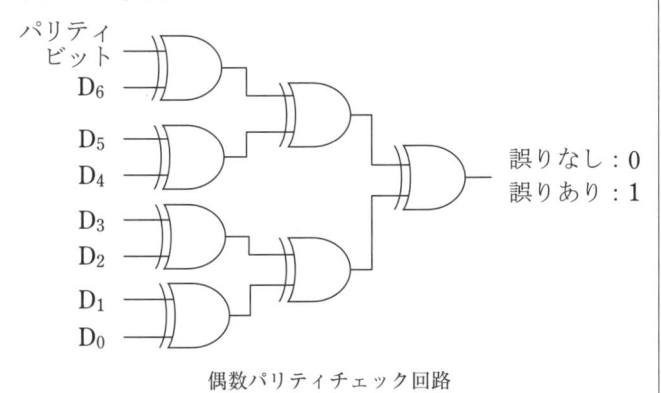

偶数パリティチェック回路

29.1

$(P_1P_2D_3P_4D_5D_6D_7) = (0000111)$ であるから，以下のように q_4, q_2, q_1 が求められる．

$$\begin{cases} P_1+D_3+D_5+D_7 \underset{\text{mod}2}{=} q_1 & \to \quad q_1 \underset{\text{mod}2}{=} 0+0+1+1 = 0 \\ P_2+D_3+D_6+D_7 \underset{\text{mod}2}{=} q_2 & \to \quad q_2 \underset{\text{mod}2}{=} 0+0+1+1 = 0 \\ P_4+D_5+D_6+D_7 \underset{\text{mod}2}{=} q_4 & \to \quad q_4 \underset{\text{mod}2}{=} 0+1+1+1 = 1 \end{cases}$$

$q_4 q_2 q_1 = 100 = 4_{10}$ となり，P_4 に誤りが発生している．よって，P_4 の 0 を反転して 1 にすれば正しい値になる．正しくは，$(P_1P_2D_3P_4D_5D_6D_7) = (0001111)$．10 進数では 7．

29.2

$(P_1P_2D_3P_4D_5D_6D_7) = (1010001)$ であるから，以下のように q_4, q_2, q_1 が求められる．

$$\begin{cases} P_1+D_3+D_5+D_7 \underset{\text{mod}2}{=} q_1 & \to \quad q_1 \underset{\text{mod}2}{=} 1+1+0+1 = 1 \\ P_2+D_3+D_6+D_7 \underset{\text{mod}2}{=} q_2 & \to \quad q_2 \underset{\text{mod}2}{=} 0+1+0+1 = 0 \\ P_4+D_5+D_6+D_7 \underset{\text{mod}2}{=} q_4 & \to \quad q_4 \underset{\text{mod}2}{=} 0+0+0+1 = 1 \end{cases}$$

$q_4 q_2 q_1 = 101 = 5_{10}$ となり，D_5 に誤りが発生している．よって，D_5 の 0 を反転して 1 にすれば正しい値になる．正しくは，$(P_1P_2D_3P_4D_5D_6D_7) = (1010101)$．10 進数では 13．

29.3

同じ桁数をもつ 2 つの 2 進数で，異なっている桁の個数を指す．n ビット 2 値符号の $(x_1, x_2, \cdots, x_n)$ と $(y_1, y_2, \cdots, y_n)$ の間のハミング距離は，

$$|x_1-y_1| + |x_2-y_2| + \cdots + |x_n-y_n|$$

で表される．

8章　2進演算と算術演算回路　　解　答

30.1
桁上げ出力Cと和Sは次のように表される．
$$C=\overline{A}\cdot B\cdot C_{-1}+A\cdot \overline{B}\cdot C_{-1}+A\cdot B\cdot \overline{C}_{-1}+A\cdot B\cdot C_{-1} \quad (1)$$
$$S=\overline{A}\cdot \overline{B}\cdot C_{-1}+\overline{A}\cdot B\cdot \overline{C}_{-1}+A\cdot \overline{B}\cdot \overline{C}_{-1}+A\cdot B\cdot C_{-1} \quad (2)$$

また，式(1)を変形すると
$$C=(A\oplus B)\cdot C_{-1}+A\cdot B$$
となる．さらに，式(2)を変形して
$$S=C_{-1}\cdot (\overline{A}\cdot \overline{B}+A\cdot B)+\overline{C}_{-1}\cdot (\overline{A}\cdot B+A\cdot \overline{B})=C_{-1}\cdot \overline{(A\oplus B)}+\overline{C}_{-1}\cdot (A\oplus B)=(A\oplus B)\oplus C_{-1}$$
となる．したがって，全加算器は，2つの半加算器とORゲートを用いて構成できる．

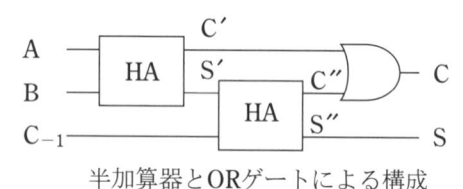

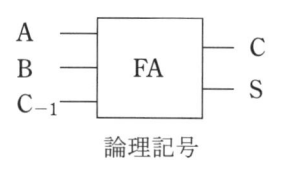

半加算器とORゲートによる構成

論理記号

30.2
(1) 111　(2) 1110　(3) 10000

30.3
2入力ANDゲートと2入力XORゲート

30.4

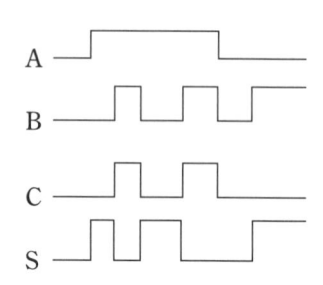

31.1
初めに+100を2進数に変換する．
$$100_{10}=01100100_2$$
次に01100100の2の補数を求める．これは，各ビットを反転し1を加えることで得られる．
$$10011011+1=10011100_2$$

31.2
01001の2の補数は10111なので
$$01011+10111=(1)00010 \quad 答\ 00010$$

31.3
01000の2の補数は10111+1=11000
$$01111+11000=(1)00111 \quad 答\ 00111$$

31.4
00110の2の補数は11010
$$01101+11010=(1)00111 \quad 答\ 00111$$

31.5
01101の2の補数は10011
$$00110+10011=11001 \quad 答\ 11001 \text{（オーバーフローが生じないので結果は負となる）}$$

31.6
10進数では10の補数が用いられる．減数45の10の補数とは，全体を100として考え，45にいくつ加えれば100になるかということで，55である．これに100を加えると155となる．ここでは，10進数2桁を対象としているので，オーバーフローの1を無視した55が答となる．

```
   100
  + 55
  ----
 (1)55
```

32.1
2^0の桁は下位からの桁上げを考慮する必要がないので，FAのC_{-1}入力を0としている．したがって，この桁の加算にはHAを用いることができる．

32.2
```
  0101
 +0101
 -----
  1010
```

32.3
8個

— 108 —

32.4

```
   10011000
 + 10101110
 ─────────
  101000110
```

32.5

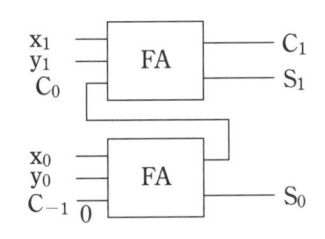

[図: 2ビット全加算器。上段FAの入力は x_1, y_1, C_0、出力は C_1, S_1。下段FAの入力は $x_0, y_0, C_{-1}=0$、出力は S_0（キャリー出力は上段の C_0 へ）。]

33.1

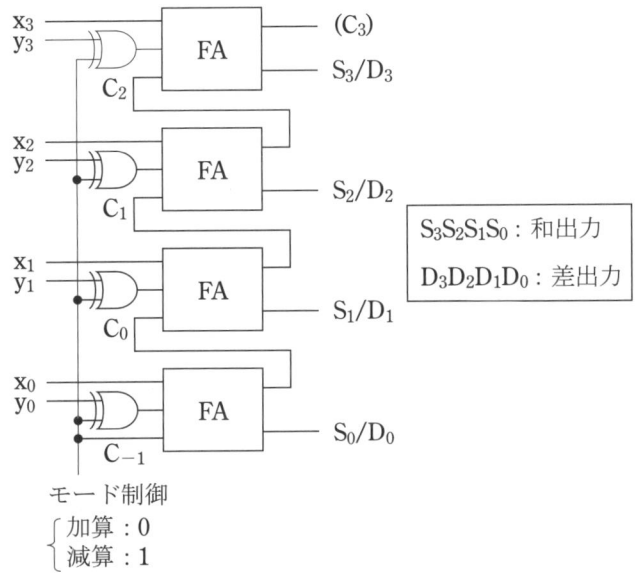

[図: 4ビット加減算器。各桁の y_i とモード制御信号をXORに入力し、その出力と x_i を各FAに入力する。モード制御信号は C_{-1} にも接続される。出力は $S_3/D_3, S_2/D_2, S_1/D_1, S_0/D_0$、最上位キャリーは (C_3)。]

$S_3S_2S_1S_0$：和出力
$D_3D_2D_1D_0$：差出力

モード制御
$\begin{cases} 加算：0 \\ 減算：1 \end{cases}$

33.2

XORのモード制御入力を0にすると，もう一方の入力が0であれば出力は0，1であれば出力は1となる．すなわち，入力と同じ値が出力となるので加算が行われる．また，加算の場合は 2^0 の桁のFAの入力 C_{-1} を0とする必要があるが，これは加算の場合の制御信号0を C_{-1} に加えればよい．

次に，XORのモード制御入力を1にすると，もう一方の入力が0であれば出力は1，1であれば出力は0となる．すなわち，入力を反転した値がFAの入力となる．これは，全加算器を用いた並列減算器の構成でインバータを用いたのと等価である．さらに，減算器では 2^0 の桁のFAの入力 C_{-1} に1を加える必要があるが，モード制御で減算の制御信号1を C_{-1} にすればよい．

9章 情報を記憶する順序回路　解答

34.1

左側に現在の内部状態，0円から150円までの4つの状態を書き，これらの状態を2進数で表現するためにQ_1Q_0の2ビットを用いる．中央は現在の内部状態において，入力x_1x_0に00，01，10のいずれかが加えられた後の新しい内部状態を書く．$x_1=1$で100円投入を，$x_0=1$で50円投入を表す．ここでは，q_0は自動販売機に0円投入されている状態，q_1，q_2，q_3はそれぞれ50円，100円，150円が投入されている状態としている．右側はそれらの入力が加えられたときの出力を書く．入力はお金を入れた際に1，そうでなければ0を表す．また，出力は品物が出たときに$y_1=1$，そうでないときは$y_1=0$とし，おつりが出る場合には$y_0=1$，出ない場合は$y_0=0$とする．たとえば，現在の状態がq_3（$Q_1Q_0=11$で150円がすでに投入されている状態）のとき100円を投入（入力$x_1x_0=10$）すると，品物とおつりが出力され，状態はq_0（$Q_1'Q_0'=00$，0円投入の状態）に遷移することを表している．

状態遷移表

現在の状態	次の状態 $Q_1'Q_0'$			出力 y_1y_0		
Q_1Q_0	入力 x_1x_0			入力 x_1x_0		
	00	01	10	00	01	10
q_0：00	q_0：00	q_1：01	q_2：10	00	00	00
q_1：01	q_1：01	q_2：10	q_3：11	00	00	00
q_2：10	q_2：10	q_3：11	q_0：00	00	00	10
q_3：11	q_3：11	q_0：00	q_0：00	00	10	11

34.2

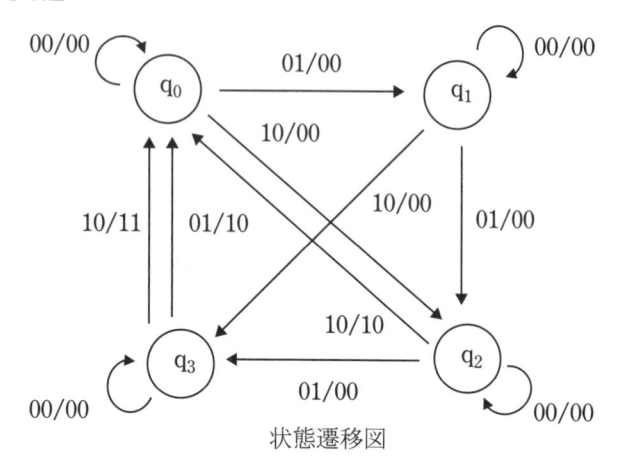

状態遷移図

4つの内部状態q_0，q_1，q_2，q_3と1つの状態から他の状態へ移るのに矢印を用いる．その矢印の横には入力／出力のラベルが付けられる．たとえば，現在の状態がq_3（150円がすでに投入されている状態）のとき，入力$x_1x_0=10$（100円硬貨を投入）が加わると出力$y_1y_0=11$（品物とおつりが出力）となり，状態q_0（$Q_1'Q_0'=00$，0円投入の状態）に遷移することを表している．

35.1

初期状態で$\overline{Q}=1$から，この入力が加わってもQの値は0を保持している．一方，$\overline{Q}$もNOR2の入力はともに0であるので，1を保持している．出力は$Q=0$，$\overline{Q}=1$となり，この状態をリセット状態という．

35.2

初めにNOR1から考えることにする．初期状態で$\overline{Q}=1$から，この入力が加わってもは0のままである．一方，$S=1$なので$\overline{Q}$は1から0に変化する．この値0がNOR1の1つの入力であるが，もう一方の入力Rは1であるのでは0を保持している．したがって，Q，$\overline{Q}$ともに0となる．これは，NOR2から考えても同じ結果になる．このように，Q，$\overline{Q}$ともに0となるが，一般にこれを不定とか禁止と呼ぶ．この理由を明らかにしよう．

入力RとSがともに1のとき，出力Q，$\overline{Q}$がともに0となることはわかった．問題は入力RとSがともに1からともに0に変化する場合である．この場合，2つのNORゲートの出力が確定するまでの時間はまったく同じではなく，次の2つの場合が考えられる．

A. NOR1の出力が先に確定

$\overline{Q}=0$の状態で$R=0$となるのでQは1に変化する．この変化がNOR2の入力に加わるため$\overline{Q}$は0のままで変化しない．$Q=1$，$\overline{Q}=0$で安定する．

B. NOR2の出力が先に確定

$Q=0$の状態で$S=0$となるので$\overline{Q}$が1に変化する．この変化がNOR1の入力に加わるため，$Q=0$のままで変化しない．$Q=0$，$\overline{Q}=1$で安定する．

上記のようにNORゲートの特性に違いによって出力が異なるので，意図した動作を行うことができない．この$R=1$，$S=1$の場合を不定または禁止と呼んでいる．

35.3

NANDゲートを用いたRSフリップフロップと真理値表を以下に示す．ここで，NANDゲートは極性を考慮した表現としている．入力$\overline{S}$と$\overline{R}$は，ともに0入力でアクティブ（信号あり）となる．

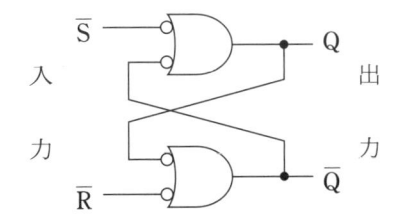

NANDゲートを用いたRSフリップフロップ

RSフリップフロップの真理値表

入力		出力	
$\overline{S}$	$\overline{R}$	Q	$\overline{Q}$
1	1	保持	
0	1	1	0（セット）
1	0	0	1（リセット）
0	0	1	1（不定）

状態遷移表から，$\overline{S}=0$ かつ $\overline{R}=1$ のときが Q=1 でセット状態，反対に $\overline{S}=1$ かつ $\overline{R}=0$ のときが Q=0 でリセット状態である．また，$\overline{S}=0$ かつ $\overline{R}=0$ のときは，Q, $\overline{Q}$ ともに 1 が出力されるが，その後 2 つの入力が同時に 1 になると，NOR ゲートを用いて構成した場合と同様に出力は不定となる．

36.1

S=1, R=1 のとき T が 0 から 1 に変化すると，NAND1 の出力は 0 になる．また，NAND1 の出力は NAND2 の入力にもなっているので，NAND2 の出力は瞬時に 1 に変化する．このように，NAND1 の出力 0 と NAND2 の出力 1 が次段の NAND ゲートを用いたフリップフロップに加えられるので最終出力は Q=1, $\overline{Q}$=0 となる．よって，S, R ともに 1 の場合は S=1 が優先されるセット優先 RST フリップフロップとなる．

36.2

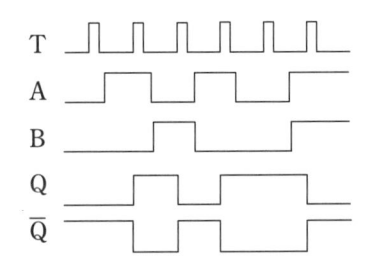

37.1

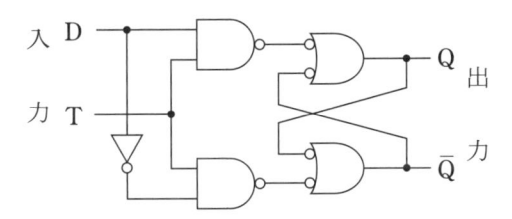

37.2

1つは，Delay フリップフロップのDを表す．D入力に対して，クロックパルス1個分遅れて出力される．2つ目は，データを保持するということから Data のDを表す．

37.3

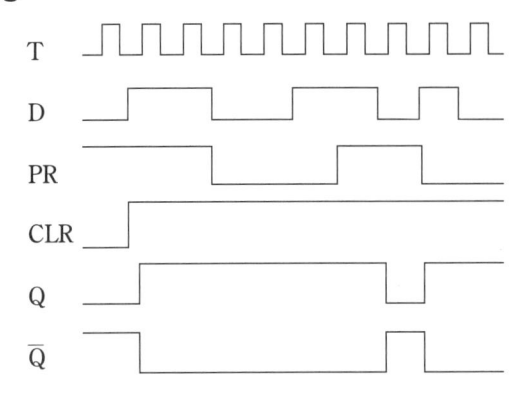

38.1

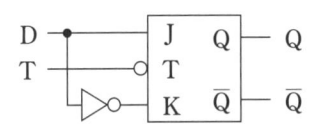

38.2

保持，セット，リセット，反転

38.3

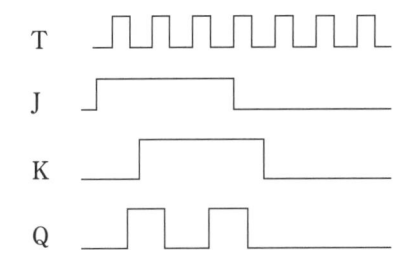

39.1

初期値を Q=0, $\overline{Q}$=1，すなわち J=1, K=0 のときにクロックパルスが立下ると，出力は Q=1, $\overline{Q}$=0 に変化する．以後，Q も $\overline{Q}$ も 1 と 0 を繰り返すので T フリップフロップと同じ動作をする．

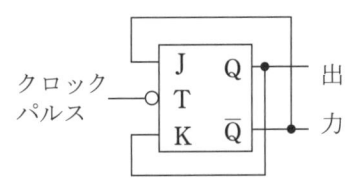

39.2

初期値を Q=0, $\overline{Q}$=1，すなわち D=1 のときにクロックパルスが立上ると出力 Q は 1 に変化する．このとき，$\overline{Q}$=0 となるので同時に D は 0 になる．よって，次のクロ

ックパルスの立上りによりQ=0に変化し，以降クロックパルスが加えられるたびに出力Qは1と0を繰り返す．

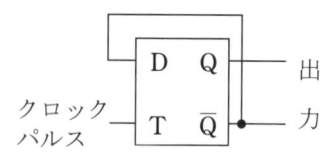

```
      ┌─────┐
      │ D  Q├── 出
クロック │     │
パルス ─┤ T  Q̄├─┬─ 力
      └─────┘ │
        ↑─────┘
```

39.3

出力が Q_1，Q_2，Q_3 のフリップフロップのクロックパルスは，それぞれの前段のフリップフロップの出力 $\overline{Q}$ である．よって，各 $\overline{Q}$ の立下り（Qの立上り）で Q_1，Q_2，Q_3 が反転する．

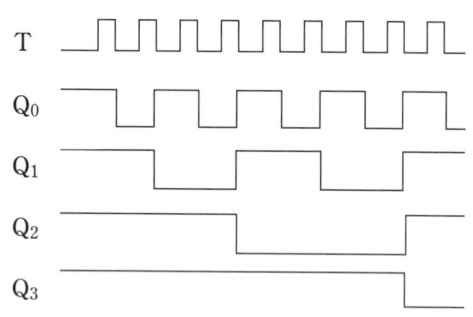

10章 代表的な順序回路　解答

40.1

32進カウンタ

40.2

3 t

40.3

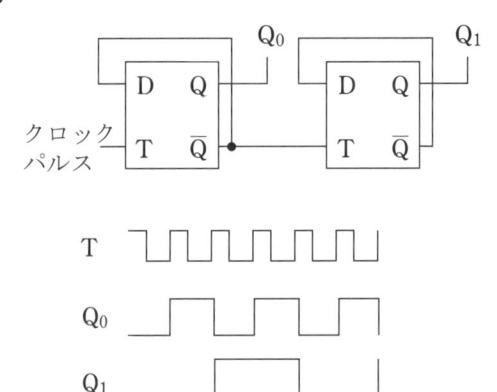

[回路図: 2個のDフリップフロップを接続したもの。Q₀, Q₁出力。タイムチャートT, Q₀, Q₁]

40.4

前段FFの出力が次段のFFのクロックパルスとなるカウンタを非同期式カウンタという．

40.5

入力パルスの周波数が1/8に分周されるので，
1〔MHz〕/8＝125〔kHz〕となる．

41.1

非同期式10進カウンタでは，出力 Q_3, Q_2, Q_1, Q_0 に対応してカウントが 0000 → 0001 →…→ 1001 と行われるが，そのつぎの 1010 の出力と同時に強制的に 0000 にする必要がある．そのために，Q_3 と Q_1 の信号をNANDゲートの入力信号とする．これにより，$Q_3=1$，$Q_1=1$ のときに限ってNANDゲートの出力は0となる．この出力を各フリップフロップのクリア端子に加えることで強制的にすべての出力が0になる．その後はクロックパルスが立ち下がるごとに 0001 → 0010 →とカウントアップしていく．

[回路図: 4個のJKフリップフロップ（Q₀, Q₁, Q₂, Q₃）とNANDゲートによる非同期式10進カウンタ]

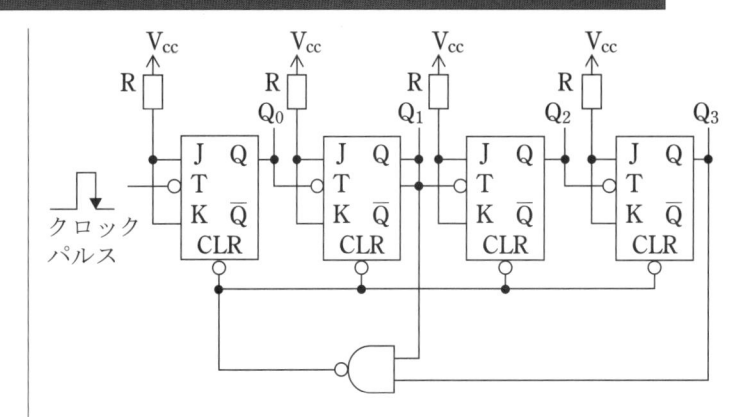

41.2

たとえば次のような回路が考えられる．この回路は，2個のJKフリップフロップ，1個のDフリップフロップとANDゲートで構成される．JKフリップフロップのJ，K端子はどちらもHighにして，Tフリップフロップとして使用する．

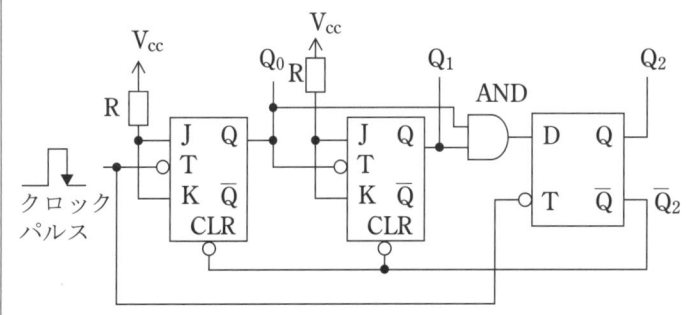

[回路図: 2個のJKフリップフロップ、ANDゲート、Dフリップフロップで構成された改良型非同期式5進カウンタ]

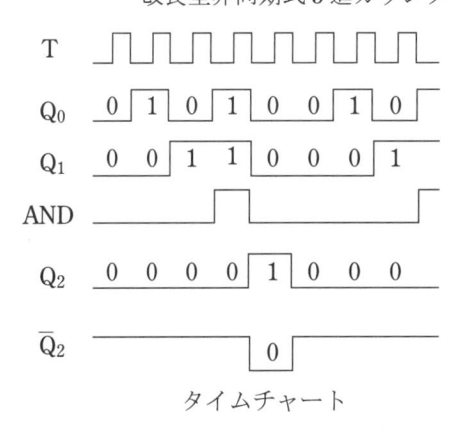

改良型非同期式5進カウンタ

[タイムチャート: T, Q₀, Q₁, AND, Q₂, $\overline{Q_2}$]

タイムチャート

基本的には2つのJKフリップフロップを用いているので，非同期式4進カウンタである．この4進カウンタの出力 Q_1, Q_0 がともに1となった時点でANDゲートの出力は1，すなわちDフリップフロップの入力は1となる．ここで，クロックパルスが立下がると出力 Q_2 は1となる（ここでは，立下りに同期して出力が変化するDフリップフロップを使用）．反転出力 $\overline{Q_2}$ は0となり，この信号で2つのJKフリップフロップはリセットされ，Q_1, Q_0 はともに0となる．Dフリップフロップを制御用として用いるこ

とにより，確実にリセットをかけることができる．Q_1，Q_0 がともに0となるため，ANDゲートの出力は0でDフリップフロップの入力も0となる．次のクロックパルスの立下りで出力Q_2は0，$\bar{Q}_2$は1となる．その結果，次のクロックパルスからは2つのJKフリップフロップは通常のカウントを開始する．このようにして，動作が確実な非同期式5進カウンタを実現することができる．

42.1

4進カウンタの真理値表

クロックパルス数	Q_1	Q_0
0	0	0
1	0	1
2	1	0
3	1	1
4	0	0

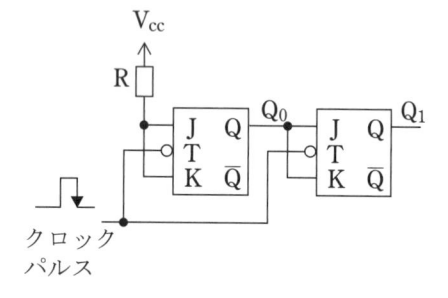

42.2

同期式

42.3

Q_2，Q_1，$Q_0 = 0$，0，0となる．

42.4

図のように，前段FFの出力のANDをとり，自分自身のFFのJKに加える．

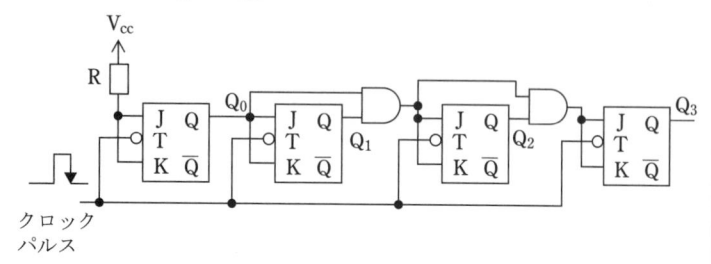

43.1

5進カウンタを構成するためには，JKフリップフロップは3個必要である．初段のフリップフロップのJ，K入力をJ_0，K_0，2段目をJ_1，K_1，3段目をJ_2，K_2とする．

同期式カウンタなのでクロックパルスはすべてのフリップフロップのクロック入力となる．

以下の真理値表はJKフリップフロップの出力が入力パルスによって変化するときの入力J，Kの値を表にしたものである．たとえば，が0から1に変化するのは，J=K=1，またはJ=1，K=0のときにクロックパルスが立下がった場合である．すなわち，J=1であればKの値は0でも1でもよいことになる．この表で，*は0または1のいずれでも同じ結果が得られることを表している．

JKフリップフロップの動作

クロックパルス	Qの変化	入　力 J	K
⌐_|	$0 \to 0$	0	*
	$0 \to 1$	1	*
	$1 \to 0$	*	1
	$1 \to 1$	*	0

以上の点を考慮して，5進カウンタの真理値表を以下に示す．この表は，t=nのとき出力が$Q_2Q_1Q_0$の状態でクロックパルスが入力されたとき，t=n+1の出力$Q_2Q_1Q_0$を得るために各フリップフロップのJ，Kが必要とする入力条件を表したものである．たとえば，1行目のJ_2，K_2，J_1，K_1，J_0，K_0の値0，*，0，*，1，*は各段の出力$Q_2Q_1Q_0$が0，0，0から0，0，1に変化するために必要なJ，Kの値を示している．この真理値表をもとに各JとKについてカルノー図を作成する．5進カウンタを構成するので$Q_2Q_1Q_0$が101，110，111となることはない．この場合は，無効組合せとして扱い，カルノー図で対応するマス目は0でも1でもよく，記号Xと表す．

同期式5進カウンタの真理値表

カウント	t=n Q_2	Q_1	Q_0	入力条件 J_2	K_2	J_1	K_1	J_0	K_0	t=n+1 Q_2	Q_1	Q_0
0	0	0	0	0	*	0	*	1	*	0	0	1
1	0	0	1	0	*	1	*	*	1	0	1	0
2	0	1	0	0	*	*	0	1	*	0	1	1
3	0	1	1	1	*	*	1	*	1	1	0	0
4	1	0	0	*	1	0	*	0	*	0	0	0
5	1	0	1									
6	1	1	0	\} 無効組合せ								
7	1	1	1									

Q₀ Q₂Q₁	0	1
00		
01		(1)
11	X	(X)
10	*	X

(a) J₂

Q₀ Q₂Q₁	0	1
00	*	*
01	*	*
11	X	X
10	1	X

(b) K₂

Q₀ Q₂Q₁	0	1
00		1
01	*	*
11	X	X
10	*	X

(c) J₁

Q₀ Q₂Q₁	0	1
00	*	*
01		1
11	X	X
10	*	X

(d) K₁

Q₀ Q₂Q₁	0	1
00	1	*
01	1	*
11	X	X
10		X

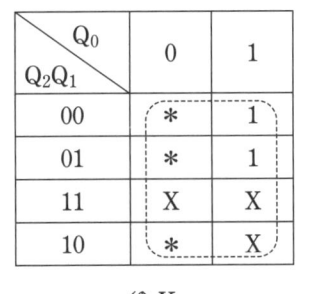

(e) J₀

Q₀ Q₂Q₁	0	1
00	*	1
01	*	1
11	X	X
10	*	X

(f) K₀

カルノー図を基に簡単化された論理式は次のようになる.

$$\begin{cases} J_2 = Q_1 Q_0, & K_2 = 1 \\ J_1 = Q_0, & K_1 = Q_0 \\ J_0 = \overline{Q_2}, & K_0 = 1 \end{cases}$$

この結果から,同期式5進カウンタの回路は以下のように表される.

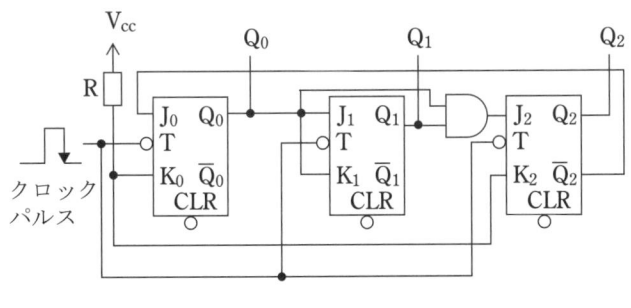

同期式5進カウンタ

43.2

同期式10進カウンタの場合は非同期式と異なり,各桁の出力 Q_3, Q_2, Q_1, Q_0 に対応してカウントが 0000 → 0001 → … → 1001 と10進数の9をカウントした時点で,入力 J, K に何らかの操作をしてカウンタの出力をつぎのクロックパルスで 0000 に戻す必要がある.これを実現するための特性表と操作表を以下に示す.ここで"進めない"とは,そのビットを保持することを意味している.すなわち,カウント9のときのそのビットを保持すればよいので J, K ともに0を加えればよい.また,"進める"場合はビットを反転すればよいので,9のデコード出力で OR ゲートの出力を1にし,それを J と K に加えている.さらに,"そのまま"という場合が Q_0 と Q_2 にある. Q_0 をもつフリップフロップの入力 J, K にはともに1を加えればよい.一方, Q_2 をもつフリップフロップの入力 J, K には,前段のすべての出力の AND をとり,その出力を加えればよい.

特性表と操作表

ビット カウント	Q_0 2^0	Q_1 2^1	Q_2 2^2	Q_3 2^3
0	0	0	0	0
1	1	0	0	0
2	0	1	0	0
3	1	1	0	0
4	0	0	1	0
5	1	0	1	0
6	0	1	1	0
7	1	1	1	0
8	0	0	0	1
9	1	0	0	1
操作	そのまま	進めない	そのまま	進める

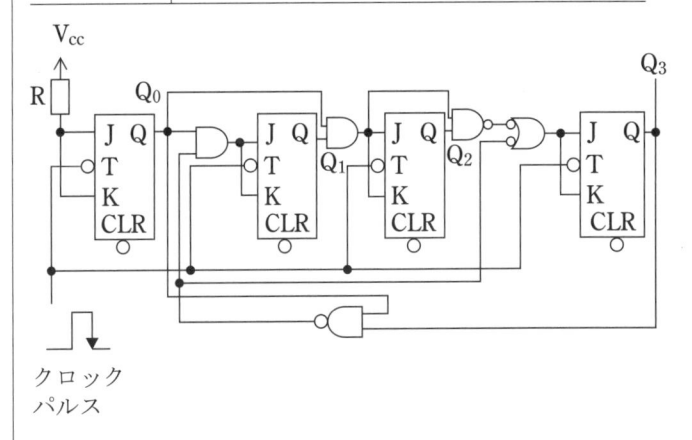

44.1

1つ目のクロックパルス入力後

1	0	0	0
Q_0	Q_1	Q_2	Q_3

2つ目のクロックパルス入力後

1	1	0	0
Q_0	Q_1	Q_2	Q_3

3つ目のクロックパルス入力後

0	1	1	0
Q_0	Q_1	Q_2	Q_3

4つ目のクロックパルス入力後

0	0	1	1
Q_0	Q_1	Q_2	Q_3

クロックパルスと入力データの関係

44.2

並列データ入力を行う場合，4ビットのデータはデータセットパルスによってフリップフロップに同時に取り込まれる．また，シフトレジスタとして用いる場合は，直列データ入力から4個のシフトパルスによって取り込まれ，さらに4個のシフトパルスによって記憶されているデータすべてが直列データ出力から出力される．

レジスタの2進数値データを右にnビットシフトすることは2^nで割ったことに相当し，一方，左にnビットシフトすることは元の値に2^nを乗じたことに相当するので，比較的簡単な除算や乗算がシフトレジスタを用いて実現できる．

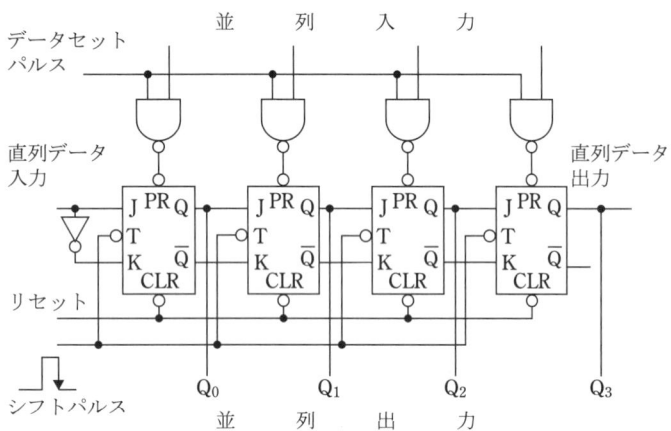

4つの機能を有する4ビットシフトレジスタ

45.1

パルス	リングカウンタ $Q_3Q_2Q_1Q_0$
0	0000
1	0001
2	0010
3	0100
4	1000
5	0001
6	0010
7	0100

45.2

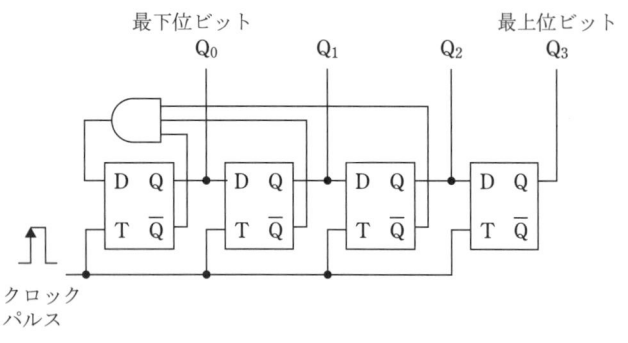

45.3

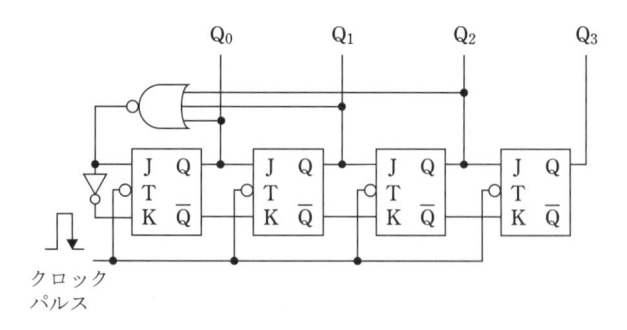

46.1

パルス	2進数 $Q_3Q_2Q_1Q_0$	ジョンソンカウンタ $Q_3Q_2Q_1Q_0$
0	0000	0000
1	0001	0001
2	0010	0011
3	0011	0111
4	0100	1111
5	0101	1110
6	0110	1100
7	0111	1000

46.2

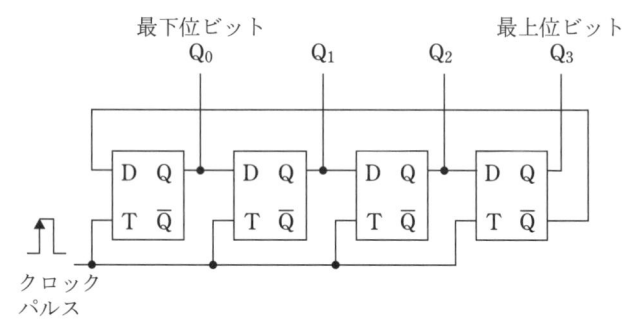

46.3

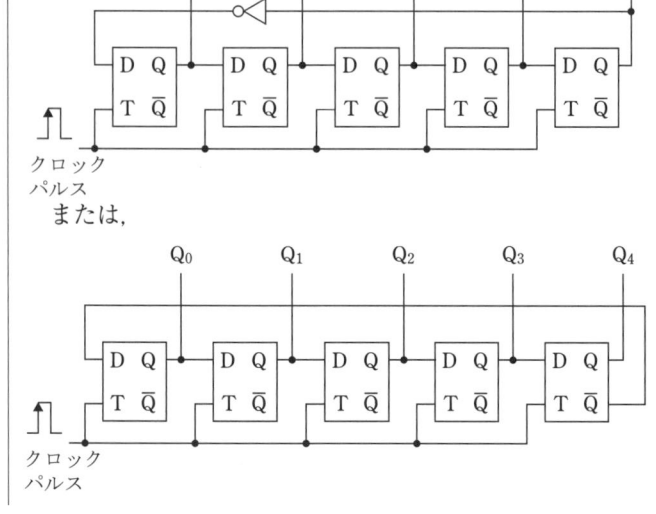

または，

── 著 者 略 歴 ──

春日 健（かすが たけし）

1969年　福島県立会津高等学校卒業
1973年　山形大学工学部電子工学科卒業
1975年　山形大学大学院工学研究科修士課程電気工学専攻修了
1993年　博士（工学）東北大学
1996年　福島工業高等専門学校電気工学科教授
2014年　福島工業高等専門学校名誉教授

1995年より　東日本国際大学非常勤講師
2013年より　福島県立テクノアカデミー郡山非常勤講師

Ⓒ Takeshi Kasuga 2013

ドリルと演習シリーズ　ディジタル回路

2013年10月21日　第1版第1刷発行
2024年 2月 8日　第1版第2刷発行

著　者　春　日　　　健
発行者　田　中　　　聡

発　行　所
株式会社 電気書院
ホームページ　www.denkishoin.co.jp
(振替口座　00190-5-18837)
〒101-0051　東京都千代田区神田神保町1-3 ミヤタビル2F
電話(03)5259-9160／FAX(03)5259-9162

印刷　創栄図書印刷株式会社
Printed in Japan／ISBN978-4-485-30234-7

• 落丁・乱丁の際は，送料弊社負担にてお取り替えいたします．

JCOPY 〈出版者著作権管理機構　委託出版物〉

本書の無断複写(電子化含む)は著作権法上での例外を除き禁じられています．複写される場合は，そのつど事前に，出版者著作権管理機構(電話：03-5244-5088, FAX：03-5244-5089, e-mail: info@jcopy.or.jp)の許諾を得てください．また本書を代行業者等の第三者に依頼してスキャンやデジタル化することは，たとえ個人や家庭内での利用であっても一切認められません．

書籍の正誤について

万一，内容に誤りと思われる箇所がございましたら，以下の方法でご確認いただきますようお願いいたします．

なお，正誤のお問合せ以外の書籍の内容に関する解説や受験指導などは**行っておりません．**このようなお問合せにつきましては，お答えいたしかねますので，予めご了承ください．

正誤表の確認方法

最新の正誤表は，弊社Webページに掲載しております．書籍検索で「正誤表あり」や「キーワード検索」などを用いて，書籍詳細ページをご覧ください．

正誤表があるものに関しましては，書影の下の方に正誤表をダウンロードできるリンクが表示されます．表示されないものに関しましては，正誤表がございません．

弊社Webページアドレス
https://www.denkishoin.co.jp/

正誤のお問合せ方法

正誤表がない場合，あるいは当該箇所が掲載されていない場合は，書名，版刷，発行年月日，お客様のお名前，ご連絡先を明記の上，具体的な記載場所とお問合せの内容を添えて，下記のいずれかの方法でお問合せください．

回答まで，時間がかかる場合もございますので，予めご了承ください．

郵便で問い合わせる　郵送先
〒101-0051
東京都千代田区神田神保町1-3
ミヤタビル2F
㈱電気書院　編集部　正誤問合せ係

FAXで問い合わせる　ファクス番号　03-5259-9162

ネットで問い合わせる　弊社Webページ右上の「**お問い合わせ**」から
https://www.denkishoin.co.jp/

お電話でのお問合せは，承れません

（2022年5月現在）